關帝學 聖鸞學院系列叢書

卓越企業的實踐方程式

五常德學習型組織的經營策略

賴志松 教授
龔昶元 教授
陳桂興 教尊
　　　編著

序

關聖帝君的五常德「仁、義、禮、智、信」教義，為因應能符合讓現代人快速理解並作為成長與精進依循的知識寶庫，其中恩主明確闡述『智』的定義就是建立利益眾生的事業。並非是一般人所狹義認知的智慧、聰明、睿智、工作……等課題，而是應該要放大為更廣義的層次範圍，以利人利己為原則、發大願心以服務眾生為己志，構築一個大眾皆能受益的良善大事業，得以弘揚關公文化信仰的精髓。尤其在這動盪不安的時代氛圍中，如何透過五常德的教化與提示達到撫慰民心、營造祥和社會、創造安居樂業的大同世界，就顯得非常重要。

在面臨諸多生活煩惱與工作事業考驗中，五常德「仁、義、禮、智、信」就是一種千年生命密契、正向能量的引導。透過瞭解生命的真實道理與正確的依循方式，讓我們從生活中得到學習與領悟，不論在任何組織或團隊當中，都能體證五常德對我們的啟發與效益。尤其企業界當以此為鑑，當思考如何建立系統性以東方文化為主體的企業經營理念，而關聖帝君聖示的聖凡圓融的生活方式，除個人能有所精進成長外，對於企業經營也是五項精實的修煉：

仁：追求法喜的身體健康 / 自我超越

義：創造通達的人際關係 / 改善心智模式

禮：經營和諧的圓滿家庭 / 團隊學習

智：建立利益眾生的事業 / 建立共同願景

信：實現精勤的人生理想 / 系統思考

西方管理大師柯林斯在著作《恆久卓越的修煉》中，有系統性的拆解與萃取卓越企業成功的基因，其實可以歸納為六個字「V、L、T、S、I、E」。分別就是願景（Vision）、領導（Leadership）、人才（Talent）、策略（Strategy）、創新（Innovation）、執行（Execution）。

這對於中小企業或任何在成長中的公司來說，每個字都很重要，如果融合中西方經營學說來對應五常德精神，可以解釋為『仁』代表的就是領導統御、『義』代表的就是人才培育、『禮』代表的就是策略創新、『智』代表的就是共同願景、『信』代表的就是執行系統。綜觀台灣的企業來說，其實最不缺乏的就是執行，除此之外，似乎其他每項幾乎都欠缺。

而企業要能達到安身立命、傳承百年、永續經營則必須要能理解這五大法要的精髓，走在商道趨勢變化之前，方得有機會成功。

最後非常感謝臺中教育大學國際企業系龔昶元教授與賴志松教授將本教五常德教義與精神融合並應用於企業經營的實踐方程式中，闡述與探究如何能創造卓越企業永續經營的的方式，透過諸多學術理論與國內外案例的相互勾稽驗證，讓企業能以五常德為經、五項修煉為緯，導入與建立正向能量的學習型組織，以在面臨全球高度競爭與危機當中，能從容應對挑戰與磨練，並提供點亮一盞明燈。

玉線玄門真宗教　玄興　教尊

推薦序一

　　現代社會經濟中，大眾對於企業實踐社會責任的要求日益殷切，企業經營不能只是創造財富利潤與提供就業機會，對環境、社會永續的發展更應扮演正向積極的角色。企業不僅是為股東創造更大的利益，還要兼顧所有相關的內外部利害，管理大師蓋瑞・哈默爾（Gary Hamel，在其著作「現在，什麼才重要？」一書中即指出，現代企業經營值得憂心的現象是企業主管覺得社會的利益跟己身利益沒有太大的關聯性，如此僵化的心智模式及缺乏彈性的事業制度組織，無法適應環境的變化，是導致企業失敗的因素。即在強調企業經營者必須建立調適力，與時俱進，心智模式要能自我超越，時時以社會大眾的利益為念，要有建立「利益眾生」事業的「智」才能避免組織衰敗，達成永續經營的目標。

　　近年來全球產業界推動的 E（環境保護）S（社會責任）G（公司治理）認證正是回應當前社會大眾對於企業經營的要求趨勢。

　　兩位作者以其多年企業管理教學與輔導企業改善營運管理的實際經驗，對於公司如何善盡社會責任，實踐「利益眾生」事業，邁向卓越經營做了很好的闡釋：在分析企業成敗關鍵的重要因素之後，也以中小企業的實際案例說明及驗證，企業可以建立關聖帝君「仁」、「義」、「禮」、「智」、「信」五常德文化，透過社會化的學習機制過程，員工幹部將文化的規範與價值觀融入工作生活中，成為自身

價值觀的一部份，並透過互相學習，再與企業組織的文化相融合，更能凝聚企業員工的向心力與榮譽感，促進其對組織價值與使命的認同及同事間的信任關係，有助於公司形象的提升，以達成經營卓越的營運績效。

作者在書中列舉了許多歐美常見的企業管理理論原則及國內外企業經營案例作為佐證，更值得一提的是能以華人文化普遍認同的關聖帝君五常德義理應用於實際企業經營的概念，提出企業導入學習型組織文化的實際操作方程式，應可作為企業提升管理制度品質，建立具有調適力組織文化與有執行力制度，實踐「有利眾生事業」的重要依據準則，值得有志經營卓越的企業引為重要參考。

修平科技大學校長　陳建勝

推薦序二

關公信仰與五常德「仁、義、禮、智、信」：仁(身體健康)、義(人際關係)、禮(家庭經營)、智(事業經營)、信(精進修行)，是人類的宗教文明寶藏。臺灣是全球關公信仰的重鎮，關公實踐春秋大義，落實儒家三綱五常，其言行代表的信仰精神本質，足以淨化人心，安定社會，也有助於企業經營。

透過探究關公五常德內涵，可以讓生命與生活更加提升與圓滿，並落實於生活與企業經營中。特別是 2020 年迄今，3 年來COVID-19 疫情持續蔓延，後疫情時代的企業經營方式與契機，如何融入五常德內涵，也是企業界可以加以探究的重要課題。

有幸拜讀國立臺中教育大學國際企業學系前系主任龔昶元教授，與賴志松教授合著之《卓越企業的永續經營—五常德實踐方程式》，該書除了闡明關聖帝君五常德精神應用於當今企業經營的重要性，並探究以五常德為經、五項修練為緯之現代企業五常德學習型組織，且佐以案例進行解說，使企業能由實務個案中掌握五常德的實踐要義與進行步驟。謹將此書推薦給關心五常德以及企業經營的讀者。

國立臺中教育大學高等教育碩士學位學程

林政逸教授兼學程主任

推薦序三

　　許多想發展事業的人，不論是老闆或是高階經營者，其經營初衷都是希望企業能獲利，且永續經營。然而在組織發展的過程中，企業經常會不斷的面臨環境的變化，遭遇許多來自內部或外部的挑戰，都必須制訂良好的策略，有效的執行力，甚至進行組織內部的變革，才能順利度過難關：否則，今日的優良企業，可能因為不能適應環境的變化，快速為顧客所拋棄的，消失於市場中，如此情形經常出現於現實的企業經營案例當中。過去有一本名為「追求卓越」的暢銷書，舉了許多經營得很成功，獲利良好的「卓越企業」案例，作為企業經營學習的榜樣。然而，經過多年以後，竟然發現書中所標榜的績優企業現在已經有超過三分之二因經營不善被迫改組或被併購，見證了企業經營不能與時俱進，必然被殘酷的市場競爭環境所淘汰的殘酷現實。若想要在市場上永續經營必須有更寬廣的策略視野，時時關注環境變化中市場上利益關係人的需要和關注點，也就是本書主題所強調的企業要能秉持關聖帝君五常德文化中「信」的「利益眾生」使命，任令時空，充滿法喜，建立「利益眾生」事業經營的「智」。而更重要的是企業內部要能塑造一個能適時變革，回應環境變化的企業文化，才能突破組織發展的障礙，達成永續經營。對多數企業而言，這樣的轉換過程並不容易，因為任何的變革常會遭遇權力既得利益者的抗拒，使得組織變革失敗，這需要企業內部具備學習型組織的文化，才有機會減少抗拒，化解困境，變革的成功與否往往是企業成敗的關鍵。本

書也針對提出了導入五常德文化為基礎的學習型組織實踐策略，詳述了企業自我檢視診斷的實務、導入學習型組織的操作策略、實務上的導入程序與實施過程中應該注意的重要事項，並佐以案例的深入分析；可以協助企業有效的建立學習文化，依據五常德文化的準則建立公司團隊成員間的信任，進而激發幹部的經營管理潛力。最重要的是，當公司建立了學習知識的管理機制，全體員工都能具有主動學習的意識時，自然能敏銳的預應環境的變化，主動在市場變化之前做好準備，面對挑戰，邁向卓越經營。因此，本書是企業經營者值得參考的經典著作，本人樂於推薦。

國立台中科技大學校長 謝俊宏

推薦序四

　　企業經營的終極目標就是「永續經營」。以台灣的企業為例，能夠存續百年以上的企業，確實不多。深入探討其原因，可以發現企業就像一個人，它有生老病死的循環。因此，如何防止企業老化？如何防止企業生病？如何將企業起死回生？就是企業經營者必須時時念茲在茲的經營之鑰。

　　在服務企業的過程中，經常會發現企業存有「老病死」的徵兆。若從管理學的角度來分析，這些徵兆有些是來自於企業較基本的功能面，例如「產、銷、人、發、財」；有些則是來自於高階經營者的策略面，例如「策略規劃、經營理念、企業文化」是否能夠將內在環境的優劣契合於外在環境的機會與威脅？尤其，決策者是否具有高瞻遠矚的智慧與洞察力？將這些因素整體配合起來，才能夠確保企業順利運作，達到有效率、有效果與永續經營的境界。

　　當前很熱門的永續經營議題是「ESG」，它揭示「環境保護、企業社會責任、公司治理」的三個主軸；ESG 與聯合國推動的 SDG(永續發展目標) 都是達成永續經營的規範。仔細探究，發現它們的精神正與關聖帝君的「仁、義、禮、智、信」五常德是若合符節的，因為它們都在追求法喜的身體健康 (仁)、創造通達的人際關係 (義)、經營和諧的圓滿家庭 (禮)、建立利益眾生的事業 (智)、實現精勤的人生理想 (信)。我認為這是中西文化合體的明證，也是造福人類的盛舉。

　　本書作者積數十年的管理學研究成果與實務輔導經驗，從組織發展的角度，立基於關聖帝君的五常德之要義；藉由實例，逐步推演「卓越企業永續經營的實踐方程式」，確有其獨到之處。若能用心鑽研，按圖索驥，必能在關聖帝君法旨指引下，日漸有功，終底於成！

台灣首府大學前校長

台中市組織及政策管理專業人員職業工會理事長

許光華　謹識

總論

　　關聖帝君訓示聖凡雙修的生活方式，開啟了現代人們的生命能量，其要義乃是以「仁」、「義」、「禮」、「智」、「信」五常德為綱領，引領人們在生活中進行個人修行。以期追求法喜的身體健康、創造通達的人際關係、經營和諧的圓滿家庭，進而建立利益眾生的事業，最終得以實現精勤的人生理想，此五大構面不僅指引了正向的依靠信念，同時也訓示了圓融的依循方法。在舉世亂象中，一般人面臨諸多生活中的煩惱，身陷泥淖而不能自拔，其因皆在於人性的失依。此時亟需要正面能量的引導，讓人們能夠從思想、習慣和日常生活中去領悟、學習正向的思考，建立正確的觀念與生活方式，進而達到「利己利人」的境界。關聖帝君的「五常導師」理念與精神，正是指引人們透過持續學習以求在身心健康、人際關係、家庭和諧、事業經營、精勤成長等五個生活面向獲得改善的密契。

　　綜上所述，關聖帝君仁義禮智信五常德思想對企業的啟發為：

仁：追求法喜的身體健康

義：創造通達的人際關係

禮：經營和諧的圓滿家庭

智：建立利益眾生的事業

信：實現精勤的人生理想

以上五常德構面及內涵可以下圖表示。

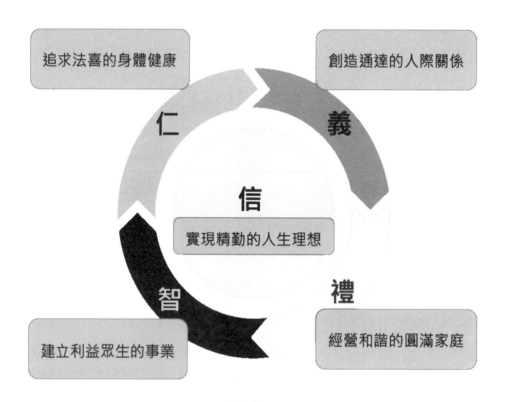

圖 1. 五常德構面及內涵

　　另一方面,學習型組織的理念則是:不論身處任何組織,個人可以不斷學習成長,認識並發掘內心深處最想實現的願望,在組織中全心投入工作、實現自我,實現終身學習。此一西方企業理論正是關聖帝君仁義禮智信五常德核心思想的具體表現。

　　因此,建立以五常德為經、五項修練為緯之學習型組織為現代企業經營的不二法門。

具體而言，五常德是學習型組織中五項修練的指導總則，其對應關係如下：

仁：追求法喜的身體健康，代表必須不斷內觀自我，進行自我超越，以達身心靈的總體健全。

義：創造通達的人際關係，表示必須持續探討自我意識，改變自我中心的狹隘，以達圓融的人我關係。

禮：經營和諧的圓滿家庭，意謂著必須視組織為大家庭，與組織成員建構團隊學習體系，彼此相互學習、扶持。

智：建立利益眾生的事業，亦即必須與組織同仁建立共同願景，併肩奮鬥，以發展畢生志業。

信：實現精勤的人生理想，代表企業必須從企業與人生終極理想的制高點進行系統性思考，以達圓滿人生。

以上五常德構面與五項修練內涵的對應關係可以下圖表示。

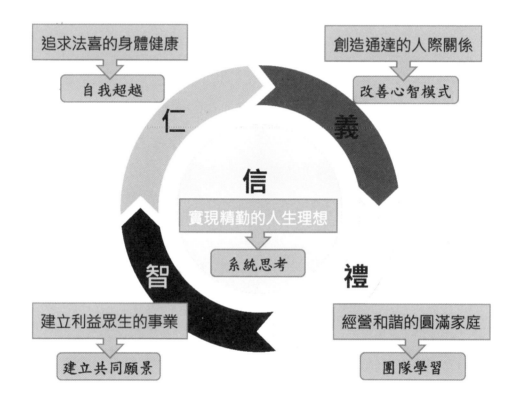

圖 2. 五常德構面與五項修練內涵之對應關係

　　為闡明關聖帝君五常德精神應用於當今企業經營的重要性,並以五常德對應五項修練據以建構企業之學習型組織,本書將分為以下八章進行論述,並佐以案例進行解說,務求能由實務個案中掌握五常德的實踐要義。

目　錄

第一章
企業經營成敗關鍵

第一章 企業經營成敗關鍵

前言：從孫子兵法到關聖帝君五常德奧義
探索企業成敗關鍵因素

　　本章依孫子兵法闡釋企業經營成敗的八個關鍵要素，並整合關聖帝君五常德諭示「仁、義、禮、智、信」奧義，探討左右企業經營容易造成失敗之主因，並說明企業建立以五常德文化為基礎的學習型組織，企業可以藉「謀勢」、進而「造勢」達成卓越經營的實踐方向。

　　兵者國之大事也。死生之地，存亡之道，不可不察也。故經之以五，校之以計而索其情：一曰道、二曰天、三曰地、四曰將、五曰法。……曰主孰有道？將孰有能？天地孰得？法令孰行？兵重孰強？士卒孰練？賞罰孰明？若以此知勝負矣。（孫子兵法，「計篇」）

　　孫子兵法所述的內容正可以應用於企業經營的成敗之道，公司經營的成敗，是天大地大的事，不只是關乎個人的利益問題，更關係到全體員工的生計，不可以不認真探究。孫子兵法以上述五個方面，透過七種情況來評估國家戰爭成敗的情勢；對於企業經營成敗的關鍵具有很經典的啟發。本章依孫子兵法闡釋企業經營成敗的八個關鍵要素，並整合關聖帝君五常德諭示「仁、義、禮、智、信」奧義，探討左右企業經營容易造成失敗之主因，及建立以五常德文化為基礎的學習型

組織，企業可以藉「謀勢」、進而「造勢」達成卓越經營的實踐方向。

　　企業的經營者常需面臨許多的挑戰，公司要能卓越成長，必須隨時注意尋求發展的機會，以改善績效；如果公司資源豐富，且沒有競爭對手，事業經營就很容易，然而，絕大多數的公司擁有的資源有限，且在市場上都會面臨競爭對手威脅的問題。事業的經營必須考量企業內部因素：如管理層的領導策略與人力資源的配置、生產系統設備與基礎設施、原料來源與採購、資金、技術方法、如何獲得客戶等；以及外部因素：如經濟景氣的發展趨勢、新的競爭對手出現、新技術的出現與變化、策略聯盟的夥伴選擇等。為了有效應對這些狀況，企業必需制訂正確的策略，健全的經營管理制度，以靈活有效的執行力推動各項事務，不斷的創造價值，才能達成卓越經營。也就是說，企業在市場上競爭，不論其規模大小、實力如何，首先要能「造勢」- 即創造各種經營成長的有利條件，採取正確的行動。

　　孫子兵法說「經之以五事，校之以計而索其情。」、「計利以聽，乃為之勢，以佐其外。」（孫子兵法，「計篇」）。即是說，要充分審視敵我雙方的各種條件，做出有利的策略決策之後，主動的謀「勢」、造「勢」，以輔助戰爭的進行。

　　「勢」，就是依據環境的機會或威脅而採取適當的反應行動，即「因利而制權」。孫子認為「求之於勢，不責於人」、「能擇人而任勢」，「其戰人也，如轉木石，如轉圓石於千仞之山」（孫子兵法，「勢篇」）應用於企業經營管理則是，善於經營的公司能任用具領導能力的管理

幹部，依據實際狀況，利用形勢，採取相應策略，造成勢不可檔的有利態勢，員工就會盡忠職守，建立競爭優勢，發揮市場上的競爭力。所以公司經營者能選擇優秀領導幹部，就能利用有利形勢建立競爭優勢，在市場上獲利。（「能擇人而任勢…如轉木石，如轉圓石於千仞之山」）。

孫子兵法主張，戰爭是否能取勝，可以就「道、天、地、將、法」五個基本要素，以及運用「主孰有道」、「將孰有能」、「天地孰得」、「法令孰行」、「兵重孰強」、「士卒孰練」、「賞罰孰明」等七個方面與敵方的條件進行評估比較即可知道是否能取勝。應用於企業經營，上述這些因素即是影響企業經營成敗的八個關鍵要素（黃昭虎、李開勝、Bambang Walujo Hidajat,1997），說明如下：

1. 企業文化與經營領導者的眼光與才能（即主孰有道）：也就是企業的經營理念、文化、遵守的價值是否依循「正道」。公司領導人是否有宏大的策略願景、方向，是否能依循正道準則，塑造良好的企業文化，建立適當的管理制度系統，成就利益眾生的事業，實踐社會責任。「五常德文化」所蘊含的奧義，正可以作為企業依循的「正道」與正向光明力量。

2. 高階管理幹部的指揮執行能力（即將孰有能）：指管理幹部是否有對於環境的變化能迅速回應的能力，例如如何利用各種商業機會，爭取有利條件獲利，預先防範危機，主動進行變革管理，建立公正的執行獎懲制度，凝聚員工士氣，使員工能權責相符，勇

於任事等。

3. 外在總體環境因素（即天地孰得）：公司的經營必需考慮環境產生的各種因素變化，並相應的調整，這些環境因素多數是公司無法掌控的，經營者也必須在環境形成的各種限制下，爭取對於公司有利的條件因素，進行各種最適決策。

4. 產業環境因素（即天地孰得）：公司在特定的產業經營，就如選擇了戰場，會因為產業（戰場的地形地物情況）環境的各種有利或不利的條件影響到公司的競爭地位，及獲得資源的能力，例如：原料供應、機械設備和廠房的取得、基礎設施（水電、運輸、通訊、倉儲設備）、通路的取得等供應條件、高效率和低成本的勞動力取得、消費市場的規模、管理人才和技能的招募、科技、研發能力的水準等。公司在選擇的產業與位置（商業的地形地物）經營，就必須承受其環境條件帶來的影響因素。

5. 公司的組織結構與規範（即法令執行）：指公司的組織制度規範、文化，要足以支持策略的執行。例如公司要鼓勵創新、內部領導幹部養成、員工具企業家精神，就要有相應的組織文化、結構、及管理制度；又如公司決定要進軍國際市場，公司內部的文化形態，組織結構、就要能以國外市場為導向的思維來配合推動國際化。

6. 企業的競爭優勢（即兵重孰強）：如果將企業比擬為軍隊，公司就要審視在人力、資金、材料、製造機械設備、基礎設施、生產、

行銷策略、管理制度等、資源是否具有市場上的競爭優勢。例如：創新、品質、生產效率、快速的顧客回應、規模經濟等都是競爭優勢來源。

7. 人力資源的發展訓練（即士卒孰練）：具有熟練戰技的官兵才能打勝仗，公司要透過教育訓練，培訓具有專業戰力的員工幹部，策略才能有效執行。員工的素質與教育訓練的水準決定企業的競爭力，訓練有素的員工，才能協助公司執行更多的業務，也能更有效的因應競爭挑戰，使企業獲得營運效益。

8. 公司的紀律與激勵誘因（即賞罰孰明）：公司要能建立持久的競爭優勢，需要建立賞罰分明的紀律與能激勵員工發揮能力的措施，例如：處理貪污舞弊等不當行為的準則與道德約束、公司業務秘密保密規定與違反紀律的懲處程序，公司生產效率的指標與工作安全標準的實施、公司營運、休假與福利制度規定等，具備公正的規則與明確的績效獎懲措施，員工幹部才能有所遵循，發揮效率。

依據上述這些因素與競爭對手進行評估，可作為公司的競爭優勢之診斷，衡量公司在市場上是否具有競爭優勢，即可瞭解經營成敗之關鍵。

孫子兵法將人的管理放於為首位，應用於企業經營中，即是指必須重視眾人思想意識的提升，以管理制度、紀律為輔，採取公正的獎懲激勵誘因，激發員工的生產效率，以發揮人的積極作用，企業才能

在市場上贏過競爭對手。

孫子兵法將「道、天、地、將、法」五事，視為戰爭的五大要素，以「道」為首位。就企業經營觀點而言，就是公司綜合目標、組織氣候、歷史傳統、價值觀，所形成的企業文化，是一套非正式的行為規範，透過此非正式規則微妙的約束，員工集體精神的感受，比正式規則更能協助公司進行有效的經營管理活動，是可以左右企業經營成敗的關鍵因素。

關聖帝君訓示人的精神哲學五常德「仁、義、禮、智、信」五大宣言的現代奧義，「仁」是追求法喜的身體健康，「義」指創造通達的人際關係，「禮」即經營和諧的圓滿家庭，「信」為實現精勤的人生理想，關於「智」則是建立利益眾生的事業。其所揭示的五常德文化經營哲學正可成為現代企業領導者建立公司正道文化依循的根基，也為企業經營模式典範帶來指引的明燈。本章主要以企業經營理論與實際案例經驗，深入探索企業經營常見導致失敗的關鍵因素論證，進而闡釋企業如何秉持五常德文化的經營理念，建立學習型組織文化，邁向卓越經營實踐之精義。

孫子認為「求之於勢，不責於人」、「能擇人而任勢」，「其戰人也，如轉木石，如轉圓石於千仞之山」應用於企業經營管理指的是，善於經營的公司能任用具領導能力的管理幹部，依據實際狀況，利用形勢，採取相應策略，造成勢不可檔的有利態勢，員工就會盡忠職守，建立競爭優勢，發揮市場上的競爭力。

第一節 企業失敗原因

　　企業經營不易，企業家經營企業，期望公司能獲取利潤，拓展企業規模與版圖是最基本的原則，依常理而言，不會有事業經營者想要把企業搞垮。然而，何以仍有許多公司經營失敗呢？為什麼原本應該要經營有成的企業管理者，會做出一些違背正確基本原則的決定，進而撼動企業根木呢？究其主因，可能是出於營運經驗不足、對於企業發展認知上的差異、或者是運用的經營管理原則與作法偏離了「正道」。正如 關聖帝君「五常導師課程」所示：經營者的理念缺乏正向圓融的思維，忽略了正向圓融的依循方法，沒有建立正向肯定的圓融依靠信念。所以，造成了經營企業的「失依」，因而無法得到正確圓融成就的經營理念與正法。

　　本節將深入探討並舉例說明現代企業經營為何會失敗的成因，透過了解企業經營失敗的案例，分析其營運問題叢生的內涵，企業經營者可以作為運用的啟示，俾能在企業的策略上，避開經營陷阱，進而依據關聖帝君的「正道正法」訓示，發展經營管理上應依循的正向能量與獲得圓融成就的具體作法。

一、權力使人腐化

　　當領導者缺乏正確的策略觀，沒有建立以「信」與「智」為基礎的願景與使命時，其人性就會失依，因而權欲薰心，導致企業衰敗的

原因有下列三點：

原因 1：領導者只顧權力發展，未注正確的經營策略方向思考

　　公司的領導者在創業的時候，通常會思考如何積極做好自己的事業，所以經營事業事必躬親，致力於如何使公司變得強大，隨著公司的市場發展，業務增加，人力需求擴增，組織規模擴大；此時，公司首先應著重的是，領導者必須致力於規劃企業未來的經營願景、正確的策略發展方向及建立完善的管理制度，以授權分工的方式培養幹部，凝聚團隊士氣，形成高效率的經營團隊，帶領公司往正確的目標發展。依照管理的原則，就是要致力於提升領導者「概念化」的策略能力，強調公司的管理執行與授權賦能分工制度。

　　實際上，許多公司領導者往往忽略了上述的原則，造成「失依」，也未能建立公司進一步發展的正確策略思維。相反的，當公司經營初步有成時，常會完全忘了初衷，只想掌握權力。通常是，經營者由於公司成長後隨之而來的權力增加，資金運用也比以前充裕，這時，領導者容易陷入過度自信的迷思。權力通常相當具有誘惑力與迷惑力，企業領導者會因為事業蒸蒸日上，經營順風順手，滿足於現狀，隨之而來，領導者的心智易受蒙蔽，容易流於自信自滿，安於現狀，因而疏忽公司未來的策略發展，產生決策錯誤，導致公司走向危機。

　　經營事業需思考公司未來的願景規劃、產品定位，發展策略，組織內部管理制度與資源配置原則，領導激勵員工，凡事都需要專心致

力，才能成就營運績效。因此，當經營者辛勤經營有成，由於市場增長，員工增加，經營規模擴大，可運用的管理職權加大，往往不知不覺陷入於對權力的追求，因而忽略堅持「信」（精勤的持之以恆）的經營思維方向。實際上，關聖帝君訓示，事業經營的使命在以「圓融法界的愛」為基礎，力行「人生以服務為目的」的理想，運用「智」的思維建立「利益眾生」的事業。這是公司的領導者應該戒慎堅持，不可或忘的信念，經營事業才能有永續的生命力。

企業領導者過度追求權力，缺乏正確的經營理念發展事業，未能適時建立有效的經營策略方向思維，容易導致企業的失敗。企業經營過程中，為確保公司的經營決策權，將其管理目標集中於權力的鞏固，忽視企業策略的長遠發展，勢必因陷於權力內鬥而忽視企業競爭力的提升，導致失去企業的控制權，或將當初苦心經營的市場拱手讓人。類此事件報導經常於大的家族企業集團中發生，在中小企業中更屬常見。只因大企業集團擁有的經營權力較大，也較具誘惑，受大眾矚目，因此廣為媒體報導；相較之下，中小企業的經營權力較小，爭奪的過程較少媒體關注，類似大企業權力內鬥導致經營出問題的的情事並不少見。此外，許多經營者常會自以為是，不喜聽員工幹部提出之建議諍言，以為一朝掌握權力即可為所欲為，沈溺於領導者角色的感覺，不願意承擔企業領導人應有的責任和壓力。資本雄厚，財務實力較大的企業集團尚能承受小的變動或危機，即使領導者易人，只要銳意變革，仍有機會扭轉局勢；小企業資源有限，承受風險及危機的能力相對缺乏，如果領導者沒有發展正確的企業經營理念與策略思維，將經

營眼光集中於內部的權力爭鬥，企業的發展必然堪憂。

　　例如，台灣知名的津津股份有限公司創立於 1950 年，全盛時期旗下有 1000 多名員工，公司曾創下年銷售額新台幣 13 億元的績效，14 年後 (1964 年) 即股票上市，旗下蘆筍汁市占率逾 9 成，一度與味全、味王並列台灣 3 大飲料公司。然而好景不常，2005 年，董事長家族因轉投資失利，掏空公司資產 6 億元，導致公司跳票、公司商標和土地均被法拍，經營者棄廠而去。當時 20 多名老員工幹部頓時薪水無著，只能自力救濟，自產自銷，以一條生產線來維持市場，幸而能維持月營收 600 萬，勉強達成收支平衡。許多消費者對於此飲料味道甚為懷念，不捨老品牌走入歷史，在網路發起團購活動，期盼保住其一線生機；在忠實的老顧客力挺之下，津津品牌的蘆筍汁終於得以繼續生存於市場上。

　　關聖帝君的教義「聖凡雙修的生活方式 - 對企業的啟發」裡即指出，當今社會問題的根本原因都是從人性的失依開始的，也就是說，現代普羅大眾在生活上失去了正向圓融的依循方法及正向肯定的依靠信念。2005 年津津蘆筍汁公司的慘痛教訓，即在於經營者失去了經營理念，缺乏正確的策略思維，因而以公司資產彌補個人投資損失，才導致企業失敗。

原因 2：花費精神於處理人際紛爭內耗，無法形成高績效的團隊。

　　企業要能有效經營，高階管理層的目標必須要有一致的發展藍圖，同心協力為公司的發展付出。企業經營環境變化多端，時勢所趨，組

織團隊力量已經取代個人的經營，現代的公司經營，皆是以組建團隊的集思廣益思維為主，個人英雄時代已無法適應當前的組織管理。全球的跨國企業絕大多數都以團隊組織的模式進行企業的經營運作，許多已建立管理制度的中小企業經營也都開始往團隊經營模式的方向發展。因此，擁有高效率的經營團隊是企業競爭優勢基礎。現代企業的營運強調發揮團隊精神，建立團體共識，以迅速回應顧客偏好與市場的需求，為公司建立持久的競爭優勢。所以公司的經營必須要能將幹部成員靈活組合，創造良好的工作氛圍，活絡內部士氣，促進團隊合作意識，發揮共享資源、共同創造利益的綜效，形成高績效的團隊，這也是公司創造利潤的基礎。

　　一個企業的失敗徵候，最常見的是無法形成高績效的團隊，通常是整個公司的價值觀不一樣，無法形成共識，導致策略執行方向各自為政，各行其事；高階的經營幹部彼此間沒有全體都在同一條船上的合作意識。此種工作氛圍擴散到中階與基層的幹部進而傳染整個公司，致而許多的重要工作無法有一致的共識，耗費許多的時間在處理與溝通公司已經存在許久的問題，甚至花很多的精神在決策權力的爭奪上，對於重要的工作則以推諉卸責為能事。當公司的經營團隊彼此因價值觀、利益、權力的衝突無法解決時，整個企業內部就會出現員工對公司的期待與現實狀況出現落差，業務上長久的積弊問題逐漸浮現，公司內部員工幹部人際關係緊張，公司內部經常產生幹部在工作上或情緒上的衝突；因為缺乏一致的願景與目標，各部門或任務專案團隊的成員普遍有挫折和焦慮感，對於目標能否達成充滿疑問。當問題發生

時，缺乏同心一致的信念，無所適從，對於領導決策幹部不滿等，最終導致內部士氣低落，生產效率不佳，利潤降低等後果，這些都是企業失敗的徵候。當公司的重要成員花費精神在權力內耗，必然降低企業與員工身心的正能量，經營團隊的績效也一定不佳。終而導致企業的失敗。究其主因就是公司幹部與員工勤於為自己利益爭權奪利，專注內耗，缺乏休戚與共的團隊意識與一致的策略發展目標導致。

近年來企業內部花費精神在權力內耗，致使公司營運停滯不前甚至衰退的新聞屢見不鮮，包括航空業、太陽能產業、乃至新興的生物科技業，這其中涉及經營階層對經營階層、經營階層對管理階層、管理階層對管理階層，樣態不一。其共通點都在於主其事者為求掌控企業內部龐大資源，不惜犧牲公司的發展，想方設法排除異己。當公司決策以「私利」或「己利」為出發點時，容易傾向於任用私人，幹部不能適才適所，不重視行為的激勵因素及公平性；為保持權力，畏懼改革，不能察納雅言，因而抑制了公司組織創新的可能契機，優秀人才紛紛離職求去，公司內部缺乏凝聚力。其結果不僅造成涉入者兩敗俱傷，最後必然導致公司營運損失。

關聖帝君的教義中針對「利益眾生事業」的原則即明確訓示，經營事業應以有利眾生利益的觀點為考量，也就是「棄利己癖」，行事應以對自己與他人都有利益的事項為優先，不應勤於為自己利益爭權奪利。否則不僅無益於眾生，反而使整個經營團隊分崩離析，導致企業失敗。

原因 3：獨裁的失敗決策

一般而言，在創業初期，公司資源及人才有限，面對瞬息萬變的市場與稍縱即逝的商機，通常需要能明快決策的領導者掌握全局，才能迅速應變，掌握市場獲利機會。然而，當公司經營逐漸制度化之後，企業領導人仍維持獨裁決策的鐵腕與頤指氣使的做法，不僅可能無益於團隊的決策績效，甚至還會破壞可長可久的公司管理制度。

獨裁式類型的企業領導者一般特點是企圖心強、思慮敏捷，有魄力與魅力，此類型的領導者在公司草創初期或許有其優點特色，運用得當，可為公司發展帶來正面效益。不可否認，某些企業在領導人強勢治理下，可以迅速決斷，節省決策成本，減少反覆討論、猶豫不決、決而不斷的時間浪費與困境，增加企業工作效率。然主要問題在於領導者過多的獨斷決行，易於思慮欠週，且自我意識膨脹，形成決策以自我為中心；對於專業幹部中肯的反對或修正意見不願正視，領導者自認為是企業最正確的決策者，員工僅僅是執行任務的工具，視公司的管理機制為累贅。長此以往，權威感成為慣性後，容易使領導者沉迷其中，無法容忍下屬提出的反對意見，當專業幹部提出不同的修正意見時，領導者常以理念不合為公開的藉口，背後真正原因卻是把幹部的不同意見視為挑戰到自己的權威，無法容忍此種狀況發生。如此一來，願意提出建設性意見的員工，將會因畏懼被當成異類，破壞公司團結而日漸減少。於是公司獨斷的領導者會產生對於自己的決策能力過度自信的迷思。一旦決策思慮不周，必然將公司導入錯誤的方向，

因而致使企業步入失敗之途。

公司的領導者要瞭解，在重大決策過程中，察納雅言，博採眾議，思慮周延，避免獨斷，謹慎決策是非常重要的，更重要的是，決策必須秉持學而致知，知道遵道、學而致知、智而不奸，摒棄自私自利之心；應以公司內外部利益關係人之考量為依據，廣納建言，建立有利眾生之決策為依循法則，審度是非，縝密決策，才能為企業導入正向依循能量，避免落入失敗陷阱。

例如，美國知名企業，霍華德堡製紙公司收購馬里蘭製杯公司後，成為美國最大的可拋棄式餐具製造商，其新任命的主管在會議中向馬里蘭製杯的高階主管展示一疊海報，其中一頁寫道：本公司的「舊」價值觀是服務、品質、回應客戶需求，緊接著下一頁寫道：本公司的「新」價值觀是獲利、獲利、獲利。此後，霍華德堡一方面開始緊縮營運預算、裁減人事，不以公平正當的程序逼退前朝老幹部；另方面卻動用資金大肆擴張工廠廠房，因決策矛盾失當，導致業績不彰。二年以後，摩根史坦利公司購併霍華德堡製紙公司，並成立一家控股公司，也運用相同的手法將大筆債務轉移給霍華德堡。八年後霍華德堡從一家原本獲利良好的公司變成負債累累、財務赤字高達 9500 萬美元的虧錢企業。

關聖帝君教義在五常導師第六篇中訓示：智的奧義為「建立利益眾生的事業」，經營事業應該「知道遵道、學而致知、智而不奸」。霍華德堡以「自私自利之心」的策略思維，犧牲馬里蘭製杯的營運前

景，謀「己利」，全然不顧員工、顧客等眾生利益，最終也被摩根史坦利公司「以其人之道還治其人之身」，自食惡果，以經營失敗告終，主因是領導者以「利己」之策略思維導致錯誤決策。

二、模仿他人成功的商業模式，卻未審視本身資源和能力條件

許多企業急於速成，眼見其他企業經營成功，即未曾思考自身是否具備該成功企業的條件，也沒有建立以「仁」為基礎的自我超越，學習新知識與新技能來提升企業本身的體質，只單純複製他人的經營模式就坐等成功的到來。

原因：成功的商業模式與經驗並非都一成不變，要能與環境、
　　　企業組織文化、資源特性相配合

企業之所以能成功，主要是因為能提供可利用的價值，符合顧客的需求，也就是有能力發展出回應顧客需求的獲利商業模式。換句話說，是顧客主導企業的生存；公司要能準確對應環境的不斷變化，滿足消費大眾的偏好。公司的資源投入要能往「眾生的利益價值」方向，才能發展獲利的商業模式。從現代商業發展的情勢來看，一個企業發展成功的商業模式往往都會成為其他公司優先參考或模仿學習的對象；以往許多案例經驗可知，已實行成功的優良商業模式套用在其他企業有很大的機會也可取得獲利的結果。例如近年來加盟連鎖飲料店的經營商業模式的成功即造就市場上出現眾多的新興品牌模仿。

商業模式，簡言之就是企業運用一套特定的價值鏈活動成功獲利的整合方式，這些價值鏈活動方式可以歸納出公式或標準化，讓其他企業學習複製。不可否認，能成功的商業模式範例一定有其值得學習之處；但問題在於，許多企業經營者只看到這些商業模式的成功與利潤，而忽略了其中背後必要的資源及能力條件，如專業人才、組織文化、社會脈絡特性、整合技術的能力等無形的資源，以及運用時機等因素。

　　對於擅長模仿學習的經營者而言，只想到模仿複製他人既有的成功商業模式，不用心思考研究與創新，也容易陷入錯誤的迷思。一般而言，成功的商業模式在被歸納、標準化的過程中，很容易疏忽導致這些商業模式成功的重要關鍵因素，例如策略布局、經濟環境的變化因素、專屬的資產技術來源、社會關係脈絡、企業組織文化的特性、主導決策者個人的人格特質等，這些基礎要素與支援活動要能相互配套，才能塑造成功的商業模式。然而許多經營者總是期望透過捷徑來讓自己的公司快速達到成功，往往忽略了各項價值活動要能配套整合，才是成功商業模式的精髓。

　　優良的商業模式必定有值得學習之處，可以作為經營借鏡，值得深思的是，商業模式的成功，必須能與本身資源和能力相配套才是重要關鍵因素。人事時地物等時空環境的改變，都要與時俱進回應變化，以研究與創新的精神去思考如何搭配才是最好的模式，方能建立真正適合自己企業狀態的成功商業模式。

　　例如，美國麥當勞公司於 1984 年進入台灣市場後，國外知名速食業者如肯德基、漢堡王、溫蒂、哈帝、等紛紛群起效尤，進軍台灣市場，然而，不到幾年光景，許多業者不是退出市場就是慘淡經營。台灣麥當勞的成功，成為這些後進業者爭相仿效的對象，然這些模仿者其經營績效卻又不如預期成功。歸納其失敗原因不外乎：不熟悉市場、市場競爭激烈，社會大眾接受度不高等。由此可知，一家企業成功的商業模式不一定適合其他企業。

　　跨國企業奇異（GE）電氣公司實施人力資源的「三階績效評估制度」，其特點是每年度做績效評比，如績效排名在最後 10% 的員工就列入裁員名單。推動此制度的結果，GE 成功提升了公司的營運效率，因而許多企業競相導入此制度，其中包括了福特汽車公司也仿效引進了此制度，可是實施以來，效果卻令人失望，最後只好放棄。這個制度對奇異有效，對福特公司卻毫無效果（席玉蘋，2011）。

　　創立於 1971 年的美國西南航空公司，以低成本經營商業著名，是全美第一家成功的廉價航空公司，以三架波音 737 客機提供在德州達拉斯、休士頓和聖安東尼等城市為旅客提供低票價的飛航服務。歸納其經營模式包括：選定次級城市點對點直航，只載短程，簡化航線、節省了繁複的作業程序、採單一 737 型的標準化機種，降低保養維修、人員配置、機組人員訓練、零件設備採購等成本費用，也增加了營運的彈性。類此簡化原則也運用在銷售、通路服務上，採線上購票系統，可節省旅行社佣金；不預先劃位，不托運行李，旅客使用操作簡單的

系統，只要有空位即可搭乘。在此營運操作模式下，西南航空公司員工平均生產力高於同業界的其他航空公司，每年服務的載客量至少約一億四千萬的旅客人數，此營運模式節省的成本是美國聯合、大陸等美國主流航空公司的 40% 至 50% 以上。西南航空公司目前已佔有美國三分之一以上的航空客運市場，成為美國獲利最高的航空公司，營運市值比業界所有的主流航空公司都高。而美國聯合、大陸等這些大型航空公司也曾經試圖模仿西南航空的營運模式與其競爭，但最後都以失敗告終。

上述模仿商業模式或營運操作失敗的案例歸納起來，主要原因是各公司的內部組織文化環境不一樣，沒有相容性。也就是「人家行得通，你未必能套用」。克服相容性問題主要關鍵是，公司要具備優越的判別內外環境差異能力，這必須針對要仿效學習的典範公司及本身企業內部能力、資源進行深入分析，以破解制度模式的複雜因果關聯（是何種原因導致典範企業的效果？我們有無這些條件？），才能深入瞭解其他企業優良制度與管理模式的精髓，進而有效導入。如果公司對於相容問題沒有深入的分析與對策，貿然導入其他企業的成功商業模式或管理制度，極易招致失敗。正本清源之道在於公司要能建立學習型的組織文化，有能力學習判別環境與學習典範公司的複雜因果關連脈絡與社會環境因素特性，針對本身資源條件不符合之處建立學習機制，經營秉持「智」的信念，處處為眾生利益著想，以「信」的精勤修持為基礎，建立利益眾生的使命與正確經營方向。

三、未體察環境的變化，適時推動變革與創新以促進成長

　　企業經常會陷入過去經營成功關鍵因素的迷思裡，認為以往導致企業成功的經營模式將可以持續下去，縱使需要改變，也只需要逐步微調即可，因而陷入了「組織策略與能力僵化」的困境，未能適時掌握轉型的契機，也容易成為企業致命的失敗因素。在瞬息萬變的競爭環中，企業若沒有建立以「義」為基礎的改善心智模式，犯了「以己利為中心、輕視一切人事物」之大忌，終將被市場淘汰。

原因：執著於高利潤產品，忽略市場與顧客的風險分散與事業
　　　轉型的契機

　　企業為求獲取高的收益通常會將主要的市場重心與眼光放在高利潤產品及可帶來較高利潤的顧客群身上，然而忽略獲利來源的分散，不重視客戶來源的多元性，過度集中重視高利潤產品及高端的顧客，在市場環境變化時，極有可能帶來的失敗的風險。企業經營者必須認清，雖然利潤低的市場與顧客會讓企業經營辛苦，但利潤高是並不全然是獲利的萬靈丹，甚至可能也是市場風險的潛在因素。不可否認，專注於利潤較高市場產品的優點是可以使企業本身的產品、品牌服務更好，更具吸引力，反而容易忽略的關鍵風險是，企業在高利潤產品市場獲得高額的利潤後，卻沉迷其中，僅重視眼前利益，未思及未來可能的變化風險。企業決策者除了注重眼前的利益，仍然要保持對於競爭環境的警覺性，時時檢視企業核心競爭力及未來環境趨勢的變化。公司如過於集中依賴單一的高利潤產品市場，極可能會忽略商業環境

上許多重要的關鍵變化因素，因而失去轉型回應的契機，導致企業的失敗。

　　例如，1881 年創立的美國 Eastman Kodak Company（伊士曼柯達公司）是全世界知名的傳統底片製造廠商，其膠卷軟片產品一直是全球傳統相機底片市場佔有率的首位。1975 年，柯達公司即已開始研發數位相機的技術，並取得專利，在 1995 年之後推出的數位相機產品在市場也都能有一定的盈餘及市佔率；同時也掌握了高階數位相機的多種技術資源。然而，數位化時代來臨，數位革命與資訊通信技術的改變迅速，全球相機與軟片市場情勢發生巨大的變化，傳統的光學底片相機產品市場逐漸沒落，以數位技術為主的相機產品成為市場上的主流，傳統底片及相關的產品已成昨日黃花，乏人問津。柯達公司的高層領導階層未能重視此情勢發展，仍然執著於過去為其帶來高利潤及高市場佔有率的膠卷相機與底片市場。隨著數位化相機市場不斷發展，底片沖印產品已成為夕陽產業，衝擊到以傳統相機、膠卷軟片、相紙、沖印服務等業務為主的柯達公司。曾經是其獲利主要來源的光學底片市場面臨大幅萎縮的窘境，此時，柯達公司經營決策高層不得已被迫大幅裁撤底片生產及相關事業及沖印服務部門；從 2001 年至 2010 年的十年間，柯達公司裁員的幅度高達 75.7% 以上，同時也為此付出高額的員工資遣費用。當面對數位化的市場新情勢時，柯達公司為求救亡圖存，亦曾於 2002 年開始積極轉型投資相關事業，以發行十年公司債投資數位化醫療影像系統（PACS）試圖轉型挽回頹勢，但為時已晚，事業的轉型策略沒有成功，2005 年柯達公司只能以原投資額 55.3% 出

售數位醫療影像，損失了至少 19 億美元以上，2012 年後還需償還高達 23 億美元的公司債，損失慘重。2012 年柯達公司正式宣布破產，目前雖已完成重整，但市場地位已經大不如前。

　　柯達公司高階管理層執著於過去高利潤主要來源的傳統光學底片市場產品，不僅忽略市場與顧客的風險分散，且輕忽新科技帶來的市場環境變化，未能正視危機，導致誤判市場情勢，不願果斷放棄舊的產品市場領域；直到主要獲利來源的膠捲底片市場大幅萎縮才開始其轉型策略，為時已晚。

　　企業的經營管理重在創新，科學的管理理論基礎是從過去許多企業成功的經營模式分析、歸納彙整其關鍵因素，推出共同可以依循典範或作業執行模式。依此發展邏輯，隨著時代競爭環境的演變，管理理論，經營模式必然不斷推陳出新，企業經營的成功方程式也會隨著時間推移，不斷的改變，而且常會因為各產業變化週期、企業文化、企業本身的特性等因素，公司過去賴以成功的經營模式，成為企業今日獲利失靈的主因。Thomas V. Bonoma（1981）發表在「哈佛商業評論」的研究即指出，執著於過去經營成功的行銷經驗，無法警覺新環境的變動而適時採取新的行銷策略，是許多著名公司潛伏的危機。許多公司，當其經營模式成功獲取利潤之後，就依循此成功經驗，建立制度化、標準化的實施模式，將之視為公司獲利的成功方程式，擴大投入資源，強化其規模以擴大成功的經驗，一切決策模式以過去的成功經驗為依歸。認為只要依照過去的成功經驗執行，即可持續的獲利，卻

忽略了競爭環境是不斷改變的，企業經營者未能敏銳察覺資源與能力各項條件的環境變化，一直墨守過去的成功經營模式，忽視適時引入創新資源與能力的功課，是許多企業失敗的主因。策略管理理論稱此為核心能力的僵固性（rigidity）。

公司運用的經營模式成功的同時，也會建立本身的核心能力，因而能在市場上取得競爭優勢，穩定的獲取利潤；然而，市場競爭情勢瞬息萬變，如果一旦競爭環境改變，企業未能適時審視環境時勢的變化與本身競爭優勢的關聯，進行策略與核心能力的配套調整，仍執著於未來也可以依此模式持續獲利，這些過去可以獲利的競爭優勢，極可能成為阻礙企業進步的絆腳石，也就是「過去的成功可能是失敗之母」。因為獲得成功的企業，很自然會將其具有成功經驗的經營模式建立制度化具體執行，公司內的多數成員會傾向於固守現有的制度。而且，做得越熟悉，運作順利，越不會思考此制度程序無法運作的情況，尤其當公司一直獲得成功時，就不會想去檢視其可改善的環節，也越難預見其中潛藏問題；甚至不會想去改善，因為改變意味著公司必須破壞及否定過去成功的作法。值得我們思考的基本道理是，企業本身每一個核心能力或成功的經營模式是優點，因為它具有競爭力，是公司競爭優勢的來源。可是當環境變遷，原來的經營模式或核心能力與競爭力無關時，它們可能成為企業惰性形成的根源，變成抑制企業大膽採取革新行動回應環境變動的最大阻礙，但也是最大的短處。

　　例如，1980 年代以前，歐洲多數的跨國企業決策模式都以各國家地區為主的分權自主模式，因此相較於美國的跨國企業，對當地國有較高的因應能力，決策也較有彈性，然而 1980 年代以後全球競爭的壓力越來越大，有些原本成功的歐洲跨國企業有必要由總公司統一整合各國分公司資源以因應激烈的競爭，可是由於分公司決策自主權甚高，而這些分公司也累積了相當多的在地市場資源，總公司要整合各國的資源，等於要這些分公司決策者放棄自主權，因而引起了極大的抗拒變革阻力，許多歐洲系的公司在決策上就碰到了很大的問題。（方至民，2012）

　　當舊的經營模式，不能再為帶來正向的成企業長就必須要更新；環境的變化與經營模式的衰退是逐漸演變的，並非是突然發生的情況，一般很難在短時間令人覺察，尤其是以往成功的經營模式通常會讓公司一直沿用，沉溺其中。

　　有些中小企業，因市場發展成長快速，業務開拓順利或專業技術需求暢旺，經營者白手起家，能掌握市場時機，努力耕耘，事業獲得初步成功，但在市場競爭激烈或已經逐漸衰退的時候，並沒有隨著環境與市場的變化調整腳步轉型或改變策略，開發新的事業或業務；這是缺乏創新意識的保守思維，也是企業經營上的迷失。

　　改變公司行之已久的既有成熟業務運作模式，一定會帶來許多困難，例如組織制度的革新與調整、軟硬體設備更換、技術更新、員工幹部人才的招募與培訓，新技能的學習等，可能需要更多資金，這些

問題都必須有正確的策略方向思考，公司內部共識的凝聚，以及員工的配合才能順利運作。進入一個新的經營領域，困難度也必定很高，但環境變化已經迫在眉睫，企業不得不創新與改變，有革新與改變，企業才能得以繼續經營，如一直固守成見，依循過去保守老舊的經營策略，容易使公司陷入經營困境與迷思，逐步走向沒落，被市場淘汰。對於企業而言，新的市場、新的消費需求客群會不斷產生，要突破並且改變，才能夠在萬變的環境中生存下去。

關聖帝君的利益眾生事業原則中明白揭示：不以己利為中心，教義中亦提示自我成長困境之一為：「輕視一切人事物，不以眾生利益為念」。以上眾多鎩羽而歸的國外知名速食業者即是犯了「以己利為中心、輕視一切人事物」之大忌，認為憑藉自己在海外的知名度，又有麥當勞在台灣的成功經驗可以依循，認為國際知名速食品牌進入台灣市場可謂易如反掌，只需複製這些成功模式，即可獲利豐碩，因而輕忽商業模式配套的重要關鍵因素，如策略布局、經濟環境的變化因素、專屬的資產技術來源、社會關係脈絡、企業組織文化的特性、主導決策者個人的人格特質等本質與支援要素，以及環境市場中的一切人事物變化等，終致出師不利，鎩羽而歸。

而柯達公司則是執著於過去經營成功的經驗，過度集中重視傳統相機膠卷底片市場，一直視其為高利潤的來源，沒有警覺新環境的變動而適時運用新的技術採取新的轉型策略，導致經營失敗破產。企業策略必須秉持「義」的思維，在「工作上與時俱進」的經營，及「信」

的理念，能勇於在事業經營上「精進修行」，是成就事業應該依循的正道。

四、執著於管理理論能帶來成功的迷失

在日趨嚴峻的市場競爭中，事業經營的挑戰越來越多，許多企業紛紛想要從管理理論中尋求營運更精進的解答。然而，管理理論並非如萬靈丹般一服見效，應用時必須先建立以「信」為基礎的系統思考來探索企業是否合乎理論可用的情境，才能帶領團隊建立以「智」為基礎的共同願景，致力於經營利益眾生的事業。

原因：套用理論不當驗證的迷思

許多有關企業研究的理論、管理概念，企業經營成功的實務案例、經營模式，最佳操作實務原則等，在眾多學者不斷努力鑽研下，新的管理方法不斷地被發表，台灣企業界的領導者，經常導入歐、美、日本流行的管理學術理論作為改善本身改善營運效益的依據，近年來較廣為人知的例如：邊際效應（Marginal Effect）、泰勒的管理原則 (Taylorism)、博弈理論（Game Theory）、公司治理、顧客關係管理、360 度績效評估、供應鏈管理 5S 運動、全面品質管理、敏捷專案管理（agile project management)、看板管理、即時生產系統、時基競爭管理、標竿學習、企業流程再造、虛擬企業內部網絡組織、優良內部設備、學習型組織、變革管理、平衡計分卡（Balanced Score Card，BSC）、關鍵績效指標（Key Performance Indicator，KPI）、六標準差、MBO

（Management by Objectives;目標管理）、目標與關鍵績效成果（Objectives and Key Results，OKR）這些學習課程或理論常用來作為改善企業體質的管理實務與方法，這些理論也都是經濟與企業管理的重要原則，甚至是改變世界企業管理過程的重要依據，在歐、美、日國家許多企業導入後，也相當程度的提升了營運效益。例如，泰勒的管理原則在20世紀初期廣泛應用於歐美製造業，主張將標準化與制式的工作流程分解，透過實施員工責任分工的管理方式，許多企業因而大幅提升部門的生產效率。對於企業來說，了解這些理論是很必然的事情。企業應用他人成功使用過的既有理論，比自己個人經營過程摸索更容易取得實際效果，這是企業經營中走捷徑的一種方式。

然而，這些管理的理論與模式在提出時通常都有一定的時空環境背景及地區、產業文化特性；反觀台灣幾乎大多數是中小企業，又多屬於家族企業，產業特性偏向於硬體代工製造，與歐、美的大型企業規模、強勢的董事會、專業經理人的公司治理模式等，產業特性差異甚大；這些管理理論要應用於台灣的產業環境與公司的實際經營時，不宜一成不變的全盤接受，必須依照台灣企業特性與公司文化進行適當的修正與驗證。

1977 年，美國一所著名商學院的 EMBA 學程教授，在其策略管理課程考試時，以「本田（Honda）機車應該跨入全球汽車市場嗎？」作為考試題目，要求學生應用學理分析作答。當時的背景是，日本的本田（Honda）公司尚未開始生產汽車，但已進行相關的策略規劃，企圖

進軍美國市場作為橋頭堡。另一方面，全球的汽車市場競爭非常激烈，歐、美汽車廠在美國市場幾乎已呈現飽和狀態，當時的本田既無特殊汽車製造技術優勢，又必須投資大量資金和佈建汽車經銷通路體系，與歐美的汽車大廠競爭，當時的全球汽車同業與管理學界普遍不看好本田（Honda）公司的策略能成功。

而這位美國教授也承認這道考試題目是明顯已經有答案的所謂「送分題」，只要學生根據 SWOT（強勢、弱勢、機會、威脅分析）學理理論，將各項不利的否定原因據以推論、分析、歸納出來，即可得到「本田機車不宜進入全球汽車市場」的結論。反之，如果有學生提出本田公司應該進入汽車市場的推論，其答案將不會得分。

然而，出乎意料之外，出題的這位教授 1985 年時，發現自己的答案明顯錯了，當時本田公司的汽車不但已經在美國市場成功上市，市場佔有率逐漸增長，而且他自己太太所開的汽車，竟然也是本田公司的產品。難道策略管理學說那些論證、分析與邏輯推論對於本田汽車的個案似乎都無法套用？或者是本田公司有特殊的經營能力，足以扭轉乾坤，化不可能為可能？（看故事學管理，1999）：

上述的案例持平而論，策略管理的理論邏輯並沒有錯，值得討論的是如何靈活運用，同樣的策略分析方法與工具，因運用的人思維條件不同，而推論出不同的結論。此案例顯示，企業經營者只依賴理論是不夠的，要能活用管理理論，結合本身的資源、能力、組織文化特性，不能一成不變套用理論，才不會陷入失敗的迷思。

不論應用何種管理模式或經營方式，非常需要充分的理論支持，但企業經營者要能活用，不能當作是唯一選擇標準導入，必須注意環境時空條件等因素與這些理論的變化，以及企業自身資源條件、組織文化特性。企業經營的過程中，天時地利人和對不同的企業都有不同的應對方式，不能陷入執著於理論或複製別人的模式就能成功的思考迷失。

例如，1980 年代，當時美國汽車業者受到來自日本汽車的強烈競爭威脅，決定導入「全面品質管理」（TQM），學習 Toyota 汽車的工廠管理和製造方式：也建置了「紅燈拉繩」制度（red light），即只要現場工作的員工發現任何有品質瑕疵疑慮的情況時，可立即拉動繩子停止裝配線的運作，也導入「即時生產系統」（Just in time JIT）、「看板管理」（Kanban），及統計管理程序、圖表等，可是，但即使這一套管理系統在美國汽車業導入執行了 20 多年，裝配一輛汽車所需的時間、品質、設計的特色等仍然落後日本 Toyota 汽車許多。

不論那些理論多成功，對於後繼追隨者而言必須注意，這只是當時當地特定企業的成就經驗；許多知名的企管個案指出，無論多好的理論，經過多少驗證，在實際應用的過程中，都是需要不斷的被改進、調整的。公司的經營正如上述本田機車及美國汽車業的經驗，要能靈活運用管理理論，結合本身的資源、能力、組織文化特性，並非僅單純套用單一的理論運用。

在導入其他企業執行成功的管理理論與制度作法之前，要先審視

幾個重要的面向：

1. 被模仿的企業之所以成功與改善，確實是因為這些管理制度的導入與行動嗎？還是根本不相干？

2. 新的市場狀況、競爭情勢，例如科技、顧客、營運模式、競爭環境類似嗎？或是已經有許多不同的變化？

3. 此種制度可以適用於現在的環境嗎？為什麼認為此種制度可以適用於現在的新環境？我們公司的能力和資源有足夠條件可以導入嗎？

　　總之，企業在追求經營卓越的過程，導入先進的管理制度或成功的經營方式，充分的理論支持有其必要性，也有助於公司減少失敗的風險，但並非是唯一選擇標準。企業必須注意這些理論的運用背景，以及自身資源、能力條件與環境的變化，瞭解社會脈絡及運用時機是否合適，因時因地因人靈活整合，否則容易遭受失敗的命運。

　　正如關聖帝君奧義揭示，以「智」建立利益眾生事業的經營，要能因地、因時制宜運用理論於有利大眾的事業經營；以「信」堅持利益眾生的永續使命，「精進修行」，秉持「義」的思維，在「工作上與時俱進」的經營，方是企業永續成功之道。

五、公司經營未齊之以禮，運作充斥潛規則，缺乏向上提升的力量

企業經營日趨複雜，分工也日益精細，部門為求本身績效考核能有較好的表現，往往忽視公司整體的效益，導致本位主義盛行。久而久之，由於公司內部缺乏建立以「禮」為基礎的團隊學習環境，公司上下沒有形成圓滿大家庭般的和諧氣氛，自然影響公司整體效能與效率。

原因：公司內部管理方式失靈 導致生產士氣低落，生產力降低：霍桑實驗的啟示

依管理學理論權變學派的觀點指出，管理方式應視組織的內外環境情勢而變化，具體而言，企業要依據下列四個變數來調整管理的方式，包括：環境的不確定性、組織的規模大小、技術的例行性、員工個體組成的差異等的特性去決定適當的管理方式（陳昵雯，2011）。企業特性不同，每家公司會有不同的管理方式。不論採用的管理制度為何，可以確定的是，公司內部的員工幹部如工作氛圍不佳，士氣低落，管理規範制度運作不彰，充斥潛規則，員工結黨營私，陷入派系權力鬥爭，導致組織氣候不良，必然影響企業生產效率，容易遭致失敗。

提高公司的生產效率，可以從管理學行為學派知名的「霍桑（Hawthorne）實驗」研究，來瞭解公司可以促進員工提升生產效率的

關鍵所在。

　　1920 年代美國經濟大恐慌，大量企業倒閉，失業率攀升，各大公司莫不苦思如何提升生產效率的良方，1924 年 11 月美國西屋電器公司邀請哈佛大學梅歐教授團隊在位於美國伊利諾州製造電話交換機的霍桑廠進行一系列「如何提升生產效率」的實驗。首先進行的是「工作環境、物質條件與生產力的關係」實驗結果發現，霍桑廠雖擁有相對於其他工廠較完善的設施，醫療和優渥的退休金制度，但其工人仍不滿意，生產狀況也不理想；顯然物質條件佳、降低工作疲勞的工作方法與制度、減少單調的工作內容及高工資誘因等因素對員工產量的效益提升幫助不大。得出的結論是，工廠環境的照明度、薪資比率、休息時間、午餐品質等條件的改變其實並不是影響員工生產量的主因。為了進一步釐清提高生產率的方法，研究小組乃開始進行「社會和心理因素與生產效率之關係」的面談計畫。此研究主要在瞭解員工對於公司要求提升生產力的心理感受。研究專家小組以兩年多時間找工人個別談話計兩萬多人次，給予關心與傾聽工人對廠方的各種意見與不滿發洩，並詳細記錄內容；面談過程中，員工可向上級充分表達自己的意見，主管則僅止於傾聽，對其意見不做出任何回應。結果在大量的員工深度面談後，霍桑工廠的產量竟然大幅提高。

　　結論發現：「生產效率的提升基於心理與社會因素更甚於物理環境的因素」換句話說，”談話調查”使員工對於廠方不滿都藉此發洩出來，心情舒暢許多，且員工也充分認知到廠方對他們提升生產績效

的期許，因而產能倍增。

霍桑（Hawthorne）實驗對於企業經營的啟示是，員工不僅是「經濟人」更是「社會人」，公司提升生產效率主要關鍵在於健全的管理制度基礎上，不以員工利誘手段為激勵工具，正如關聖帝君奧義：公司應該以「義」創造通達的工作人際關係；家庭經營的精神，齊之以「禮」，才是有效提升生產效率，成就圓融的正法。

公司內部形塑「義」和「禮」精神的組織文化，有利於建立更完善管理制度的基礎，在經營上可避免「不當激勵」、「潛規則」對制度的危害。

公司經營的一般作法，除了基本的薪酬制度外，常用獎金作為對員工激勵的手段，以利益與權位來利誘員工，對於犯錯的員工也會實施罰款或降薪，同時也導入許多科學客觀方式，讓獎懲合理化及作為績效表現評斷依據，例如績效考核制度等；當員工人數越來越多之後，企業為促進員工工作效率提升，留住人才，也經常運用金錢作為獎懲工具。不可否認，經濟社會中人們面臨最大的現實利益是金錢，當公司以利為出發，提供員工一個鼓勵追逐現實利益的環境，人的自利本性就會充分被發揮；但如果公司只有對追求利益的讚賞，沒有對不道德或不正常的行為做監管時，對利益的追求就會產生不擇手段的偏差行為。例如員工為求升遷或獎勵而假造業績、排擠同事，或者為增進業務而行賄欺騙；如果公司任令此風氣蔓延，成為「潛規則」，不但會使劣幣驅逐良幣，合理合法的行為反而不被認同，不僅無法提升營

運效率，也會成為公司失敗的因素。

「激勵」應用在企業管理主要的意義是「給予員工充分的機會，採用多元的方法激發其潛能」，要激勵員工，必須要瞭解其願望或需求。依管理實務研究歸納，一般員工在公司工作期望獲得的需求不只是「金錢和權位」，而是多元的，包括：良好的工作環境、優渥的薪酬待遇、合理的工作時間、工作保障與安定的生活、志同道合的工作同事、通情達理的上級主管、工作上的升遷、發揮才能，自我成就感、學習新事務自我成長的機會等。有許多企業經營者似乎認為給予「金錢和權位」的誘因是對幹部員工最好的激勵手段，或者是利用「安全感」，以剝奪金錢或權位、裁員作為懲罰手段；忽略了員工的工作興趣、成就感、工作地位的被尊敬、工作過程中的發展機會等，來自於員工幹部「個人自我激勵」的重要因素。

管理學大師赫茲 (Herzberg) 在「兩因素激勵理論」即指出，企業如不同時重視員工需求的「激勵」和「保健」因素，將不會長久保持成功（Frederdick Herzberg, 1968）。企業的經營者必須瞭解金錢利益和權位是眾多激勵因素裡其中一個手段而已，正當的利益必須要有合乎道德法律要求的規則，在運用激勵時，要能辨別哪些需求在增加滿足時，會產生更正面的激勵效果，靈活運用公司內部的管理方式才能提升內部士氣，增加生產效率。

因此，公司經營根本之道在於領導者必須重視內部建立「義」：通達的人際關係，和「禮」：將公司內部員工相處行為視為大家庭的

經營的基本文化素養。管理者在重視激勵手段的同時，必須要明確以「禮」、「義」為基礎文化，建立通達的公司人際關係行為才是長遠之道；不宜任令公司內部員工幹部導向不正確的道路，成為利益的奴隸，避免迷失於金錢獎勵與權位鬥爭，這是企業經營者所必須思考且應避免的迷思。

六、缺乏對資金運用的規劃

當前許多企業期望以股票上市上櫃方式，透過大眾資本市場進行籌資，且蔚為風潮，目睹其他企業在資本市場籌資成功，許多企業或急於擴張版圖或純為財務投機，不但沒有為企業建立以「智」為基礎的共同發展願景，不思建立利益眾生的事業，卻聚焦於如何在資本市場上吸取較多的資金，最後往往導致過大的槓桿操作，以失敗收場。

原因：企業營運賺錢必定要完全依賴資金的迷思

資金是企業重要的支柱，缺乏資金，企業經營容易出現財務危機問題，大量資金缺口，甚至可能導致企業倒閉。以往企業的經營者大多以個人私有資本投入為主，透過開拓市場，銷售產品的利潤逐步累積資本，再逐步擴大經營規模，步步為營，循序漸進發展。現代化企業經營環境，以市場資本化為主流，企業經營資本與資金籌募多可透過資本市場募資方式解決。企業經營可以透過在大眾資本市場以股票上市的方式取得營運所需的資金，開創事業，拓展市場，俟經營獲利之後，再將收益依一定的比例回饋投資者及股東；投資資金透過企業

營運的良性循環中得以增值，投資者和企業皆能因而獲利。

然而，當公司資金取得過於容易，拓展事業版圖過於快速，卻缺乏適當的資金運用財務規劃，極可能產生企業的潛在問題。很多企業經營者會認為，虛飾帳面上的財務報表，投資利潤表現亮麗，社會大眾就會蜂擁而至購買其股票和債券。也有許多企業會通過併購方式來擴大自己的事業版圖。有些企業在併購的過程中，往往專注於自己的利益，併購的公司以及其產品內容，經營的潛在問題到底為何，都不是公司經營者或其高層所真正關心的問題。例如台灣曾經有一些公司的購併案消息傳出時，股價立即翻漲好幾倍，而當有購併的壞消息出來時，立刻大跌，顯示許多公司僅為了虛飾帳面上的財務數字進行購併。在大多數的合併與收購案中，公司不需要支付現金，只需要透過股票交換即可獲得控股權，財務槓桿的操作，類此方式往往讓公司經營者沉迷其中，而忘了經營企業的初衷；形成慣性之後，公司逐漸忽略瞭解環境趨勢，滿足市場大眾對產品的需求，獲取銷售利潤的正當性與關注市場競爭者的動態等最基本的企業經營原則，反而將營運重心集中於市場上的財務資金操作。企業經營太依賴資金槓桿操作的後果是，當經濟環境發展循環變化，成長趨緩，資金一旦崩潰，其企業體系即容易因資金周轉失靈而全面瓦解，導致失敗。

七、 不重視企業對大眾的社會責任

部份企業經營過程中汲汲於營利，而漠視了對顧客及員工等最為

核心的利益關係人應盡的責任，同樣也是犯了沒有為企業員工建立以「智」為基礎的利益眾生事業，企業不善盡社會責任很容易受到消費大眾的唾棄。其原因有以下二點：

原因 1：社會大眾無法容納沒有社會責任感的企業

　　企業能提供價值給消費者，在市場上受到社會大眾的肯定是企業能賺取利潤的根本，過去一般觀念是，公司能生產品質良好的產品或服務，以合理的價格提供給消費者，滿足社會大眾需求，符合利益關係人的利益，即是已盡到企業的社會責任。現代社會經濟中，消費者大眾對於企業提供的價值要求愈來愈高，企業經營不再只是以合理的價格提供品質良好的產品或服務滿足社會大眾需求，創造財富利潤與創造就業機會而已；當今社會大眾普遍要求企業在創造價值滿足社會大眾需求的獲利之外，應該對環境、社會永續的發展扮演更正向積極的角色。也就是企業對社會大眾的責任，除了為股東創造更大的利益之外，更需要兼顧所有內外部利害關係人（stakeholders）的權益。從內到外跟企業運作有關的所有利害關係人，包括員工、客戶、供應商、消費者、社區、國家、與自然環境等（林建煌，2006）。也就是現代社會大眾對於企業建立利益眾生的要求範圍，還包括了企業必須實踐社會責任；因為現今的社會大眾已經無法容納沒有社會責任感的企業。

　　追求私利的動機與行為賦予企業營運的動力與存在的價值，但若不以倫理道德自律約束，僅為追求更高的利潤，忽視社會責任與有利眾生的信念要求，其銷售的產品品質或服務，容易淪為虛偽，不知情

的消費者受到欺騙愚弄傷害，法律制訂者被收買，防護機制遭踐踏。所以企業經營之道，首先是企業提供的產品或服務品質必須要能符合大眾的要求，產品的品質不僅關係到消費者的使用效益，也是一家企業生存的根基，如果企業產品的品質出現問題，將嚴重撼動企業生存的根基。一旦消費者發現產品品質會造成危害，反彈的力量是企業無法承擔的；市場消費大眾不可能忍受一家無視於消費者健康或安全的企業，社會也會對忽視實踐社會責任的企業大聲撻伐，造成很多負面效應。例如知名的三星手機發生爆炸事件，引起消費者對其產品品質與社會形象的疑慮，就是一個活生生的案例。

當消費者對於企業的產品或提供的服務品質有疑慮，必然會影響企業商譽，形象、品牌識別等，社會大眾對於企業提供的新產品或服務也不會有信任感。公司為減低成本以獲得更高的利潤，或用低價的產品換取更大的市場，忽視企業與社會之間的責任與義務，例如公司供應食物給消費者，並不是因為其擔心大眾會飢餓，而是這樣做可以賺錢。當然很難獲得消費者的認可。

企業的經營若無倫理道德與社會責任感，以利益眾生事業的信念作為指引方針，芸芸眾生即可能受到傷害，社會因而失序。企業沒有以利益眾生為定位，就不會重視落實產品品質與服務，自然無法為社會大眾提供有用的價值，終究不能見容於社會大眾。

中國於 2008 年發生廣受大眾矚目的「三鹿毒奶粉事件」，起因是甘肅蘭州一家醫院發現裡面的數名患腎結石的病童長期食用三鹿集團

生產的奶粉，進一步追查主因是三鹿公司為增加重量及通過品質檢測，在原奶中添加了會導致泌尿系統結石的三聚氰胺。三鹿公司只為增加利潤，罔顧消費者生命安全，缺乏企業社會責任的事件爆發後，不僅消費者大力撻伐，紛紛抵制購買，其高階主管受到法律制裁，只不過短短數月，三鹿集團從一個知名的大企業，成為被社會大眾抵制的不良公司，最終只能宣告破產，消失在企業經營的舞台。企業重利輕義，為了降低成本，獲取更高的利潤，從根本上忽視為眾生利益的社會責任與基本法律道德規範的實踐，就等於放棄市場，必定會為社會大眾所唾棄。

在台灣，數年前曾經發生頂新企業煉製的食用油原料事件，消費者紛紛抵制，最後導致頂新企業集團退出台灣市場的結局，也連帶衝擊到與頂新相關的味全公司的產品銷售。從這些案例可以看到，企業經營擔負社會責任目的越來越不可或缺，企業若缺乏社會責任目的，就會有顧客與員工流失的風險，最後導致企業不得不退出市場，企業經營能不慎乎。

管理大師蓋瑞‧哈默爾（Gary Hamel）在「決定未來贏家的五大關鍵」一書中即指出：面對提高透明度和保護消費者的呼籲，公司置若罔聞；企業的公關活動捏造事實，把外界的批評妖魔化；企業經營者覺得社會利益跟己身利益沒有太大的關聯性等，都是現代企業經營值得憂心的現象（Gary Hamel, 2012）。這些企業的不當作為當然也會反過來危及企業的永續發展。

蓋瑞‧哈默爾的主張與關聖帝君「智」的精義──企業經營應該「建立利益眾生的事業」正可相互呼應。也就是企業經營所推出的產品和服務要從建立「利他」的價值觀和道德觀出發，回歸人本，實踐社會責任，才能避免失敗，贏得未來。

原因 2：忽視對員工的企業責任（員工並非僅是工作的機器）

早期的企業，為提升生產效率，所設計的管理制度，傾向於標準化的明確分工，將員工的效率管理與生產機器配合，以泰勒的科學管理原則 (Taylorism) 為基礎形成管理方式，此種制度以配合機器設備增加生產的勞動強度為主，過於強調「發揮員工潛能」。隨著時代演變，此種管理方法的實施，因為常導致員工的抗議或罷工而逐漸不可行；目前企業運作方式的趨勢，修正為以重視人性化管理為主，從精神上激勵員工的熱情，強調和諧融洽的企業文化來提升管理效能。

企業需要利潤才能生存，但企業運作不能無限制追求利潤而不顧員工的激勵與福利，現代社會，企業經營無論對外的客戶或是對內的員工，都需要兼顧「利」與「義」的關係，這也是企業社會責任的一環，對於員工「言利不言義」，不重視員工的心理感受、身心健康與事業生涯發展，最後損害的必定是企業。對企業而言，員工是為企業的營運而工作，但對員工來說，工作不僅是為了薪酬，也是自我成長，實踐工作理想，達成自我實現的生活場域。企業必須要了解員工的心態，以及瞭解員工對企業的價值與貢獻，促進其盡心盡力工作的激勵誘因。以員工的角度而言，為企業付出除了獲得薪酬之外，還會關心自己生

活、時間、經歷、公司對員工的態度、企業的名譽、自我成就感、未來的前途、個人與家庭等。企業一定要用心對待自己的員工，讓員工願意與企業共同發展、共同努力，才不會造成企業在經營上的困難。

　　所以，關聖帝君五常德課程「仁」的精義即諭示，企業賺錢獲利，應顧及員工追求法喜的「身心健康」。企業經營者有責任為員工創造安心工作的環境與條件，公司經營才能持續發展。

第二節 企業成功的關鍵要因

從上述企業經營失敗的原因歸納可知，其根源在於公司經營從領導者的策略思維、經營模式、幹部、員工、執行方法、激勵獎賞、管理制度、人際關係、互動模式等、失去正向圓融的依靠理念及正確的經營依循方法，會導致其企業營運的「失依」。

21世紀企業經營可以依循的光明力量是關聖帝君五常德「仁、義、禮、智、信」的思想理念，也是企業領導者、幹部、員工得以依靠關乎經營成敗的正向能量信念。企業能建立關聖帝君揭示的五常德正道文化，形成學習型組織，企業即能有正確發展的方向軌跡，有利於開啟企業執行力能量的根源，當面對各種環境變化的挑戰時，公司經營自能避免失敗危機，獲得圓融成就。以下即依據關聖帝君五常導師課程內容原理深入分析「企業成功方程式」的關鍵奧義。

一、建立以五常德為基礎的經營信念策略，創造企業成功方程式

從過去到現在，企業不斷的在追求能經營獲利的「成功模式」，以保「基業長青」，永續經營；所以，只要業界有營運成功獲利的「最佳管理實務」模式出現，就會成為企業經營的獲利典範，被爭相仿效導入，具體而言，深入探究這些成為「最佳管理實務」的成功關鍵運作因素，才是企業經營成功可依循的「正道正法」。William Joyce 等

三位知名企管學者結合五十多位大學教授與企業顧問，共分析 160 家公司各項資料及研究這些企業 200 項以上的執行管理實務總結企業經營得以成功的主要關鍵因素，稱為企業的「成功方程式」（Willam F. Joyce, Nitin Nohria, and Bruce Roberson, 2003)，研究發現，企業要能成功，必須在「策略、執行、企業文化、組織架構」等主要構面上都能表現優異，缺一不可，同時也要在 (人才培育、領導、創新、與其他企業合併與合作)，至少有兩項表現傑出，因而稱之為「4+2 成功方程式」。要導向成功方程式的基礎，在於能形塑有效率執行 4+2 主要管理實務的企業。這也正符合孫子兵法主張，可以就「道、天、地、將、法」五個基本要素，以及運用「主孰有道」、「將孰有能」、「天地孰得」、「法令孰行」、「兵重孰強」、「士卒孰練」、「賞罰孰明」等七個方面去評估公司的管理實務，即可成就「企業經營卓越的成功方程式」。

要實踐上述的管理實務目標，建立以五常德為基礎的學習型組織文化是最重要的關鍵因素，也是開啟企業競爭力發展能量，成就圓融的永續經營最重要的依循「正道」。以下闡述其關鍵要義如下：

成功企業的主要管理實務包括下列各項：

（一）企業策略必須清楚專注於「利人利己」以「利益眾生的使命」為定位（信、智、義為基礎的經營信念策略）

依策略大師麥克·波特（Michael E Porter）的觀點，策略（Strategy）就是做選擇（取捨 -Trade off- 選擇與放棄），選擇要跑的比賽，而企業

競爭策略是創造別家企業無可取代的地位，並且根據公司本身所屬產業的位置，量身訂做出一整套適合公司的活動；或者雖然營運活動類似，但實施方式有別於競爭對手。國內有許多中小企業主對於公司的發展甚少會制訂出一個發展的方向策略，經常是以走一步算一步的心態經營，或者是從一開始就發展出錯誤的策略思維；然而一個企業策略失誤的代價往往是致命的損失，難以挽回。有鑑於此，企業經營者應該重視策略思考，強化管理思維，對於公司的營運「做對的事」（效能）遠比「把事情做對」（效率）重要，在公司的生存與發展策略上「做對的事」是企業制訂「正確的策略」；「把事情做對」則是執行力的問題。如果公司發展方向執行的是正確的策略，即使執行中有一些偏差，其結果可能不會危害公司生存，但如果做的是錯誤的策略，即使執行力完美無暇，其得到的結果必定為企業帶來災難。

現代資訊多元化的社會，市場競爭日趨激烈，企業經營者面對多元的大眾媒體、各種來源不同的訊息及新興的管理時尚理論工具，必須做好制訂公司策略的研究，培養足夠的判斷選擇能力，而且需把握一定的策略原則才能增加成功的機會，否則極可能付出慘痛的代價。

被稱為「20 世紀最偉大 CEO」的奇異電氣（GE）公司前任總裁 Jack Welch（傑克‧威爾許）經營的成功主要在於能選擇企業的正確發展策略，1981 年威爾許上任之初即提出了奇異未來發展的「三環」策略，包括：保留和增強「核心環、高科技環和服務環」的企業競爭力，而企業集團內被視為三環以外的「非核心企業」則將其「清算、調整、

撤資和出售」。奇異的策略思維是，經營業務範圍不能僅侷限於傳統的製造業，必須及早投資於高級的新尖端技術產業與服務業；而且也要積極投入一連串的企業變革，要求集團內公司必須在各部門執行人事精簡、成本控制的措施。在此策略思維下，企業集團的產品與服務品質、全球化經營等各方面都要做到全球數一數二的市場地位，不能達到目標就考慮予以關掉或出售。奇異公司在威爾許的任內出售了 150 家以上的企業，其中包括退出礦業等許多與其本業極不相關的業務領域，裁員約 13 萬名員工，進行 40 多項的企業購併；且大力投資醫療保健技術產業的研發，強化 GE 醫療系統的競爭力，將傳統的家電業務部門出售予法國湯姆森公司以交換其醫療設備的業務強化 GE 在歐洲市場的競爭力，還投資與 GE 集團各產業可以產生高度綜效的金融服務業。

威爾許的策略思考重點是將企業集團的多角化業務進行分割與重新組合，以專業化經營為策略思維主軸，把 GE 企業集團從過去的「過度多角化」策略透過組織變革轉向「整合相關多角化」以產生綜效（synergy）；要求公司的具體關鍵目標是：成本控制、員工效率、服務品質、營運流程等皆要專業化管理，達到業界「數一數二」的地位。威爾許擔任奇異公司的 CEO 共 17 年，經大力變革後，在他任內將 GE 公司市場價值與獲利提升到世界排名第二，是成功企業的典範，也因此被評為「有史以來最為傑出的經營領導者」。

「成功企業」強調公司持續成長是必須依循的重要準則之一。策

略成功的基礎在於建立公司願景與使命，策略需要經營者縝密的思考及事先規劃；公司可獲利的成長來自於在發展企業本身資源與能力滿足市場顧客需求的同時，還要避免市場競爭對手有機會模仿與執行同樣的活動。共同的價值藉由規範行為形成控制，共通一致的目標可以藉由啟動策略形成聚焦點。「卓越的成功企業」必定是策略焦點始終明確、核心業務能夠擴大的公司。企業必須注意的重點包括：

1.   策略必須建立在清晰而明確的顧客價值主張上。

2.   以市場和顧客的觀點為基礎，尊重客戶、企業合作夥伴及投資股東的意見和行為，由外而內制定策略。

3.   時時偵測市場環境，保持對於環境變化的敏銳度，適時因應市場情勢變化調整策略；企業營造創意的工作氛圍是組織保持創新的有效方法。

4.   要能建立組織內部、顧客和其他外部相關利益關係人彼此之間明確的溝通策略。

5.   策略應該要能夠持續促進主要核心業務成長：同時也應與時俱進，重視開發與核心業務關聯密切的新事業部門，並審慎評估新事業與核心能力的關連，公司不宜輕易進入不熟悉的領域。

　　為獲得更明確與有利的策略定位，在經營者制訂策略時必須確認，員工對於公司所宣示的目標方向是否清楚瞭解，容易達成？策略是否有助於員工迅速掌握未來趨勢，善用公司內部資源優勢與能有效的執

行？組織資源是否具備足夠的彈性？

　　總結而言，奇異電氣公司的策略成功得力於其總裁威爾許具有正確的策略思維指導原則。關聖帝君五常德的「信」與「智」正可作為成功企業經營最正確的策略思維主軸指導原則，以「利人利己」經營策略定位為使命就是「信」，重視「顧客價值」主張；公司以市場和顧客的觀點為基礎，由外而內制定策略就是建立「利益眾生」事業經營的「智」；因應市場環境變化適時調整企業策略方向即是「持恆」、「與時俱進」的「義」。建立以五常德為基礎的經營信念策略，正可以提供上述的策略定位問題明確的指引方針。

（二）策略成功的基礎在於以正確工作的規則，驅動有效率的
　　　「執行力」（義）

　　導入可以發揮執行力的正確管理制度以有效的機制執行公司的核心價值主張(value proposition)，來滿足顧客的期望，是企業成功的關鍵。所謂的「價值」是企業服務於目標顧客的能力，也就是提供符合市場大眾需要，良好品質的產品與服務。企業的營運，其產品與服務品質必須能維持在業界前三分之一以內，才能確保獲利基礎安穩，絕不能被列入業界品質排名的後段班；要長久維持「成功企業」的地位，就必須有持續改善的精神，不斷降低營運成本，每年力求提高生產效率6-7%以上，以確保競爭優勢。

　　企業提高產品或服務品質，實施「零缺點」管理是品質確保的有

效方式，亦即公司對產品或服務品質控制保證與管理能持續創新，全力為產品或服務的品質把關。這需要公司的經營管理者和技術人員皆能具備基本的品質管理知識，培育的品管專業人才必須既懂生產技術又瞭解管理，能具體落實品質政策與品質目標，進行現場指導，及靈活運用品質管理工具，例如導入六個標準差「零缺點」管理、國際通用的 ISO 系列標準品質管理手法，來協助解決實際的品質問題，以確保公司的產品或服務都能符合顧客的品質要求。生產過程的每一個程序與市場銷售及售後服務對於品質的確保皆不可分割，每一零組件的瑕疵，或裝配的疏忽，都可能為公司帶來巨大的損失。

舉例來說，2010 年全球汽車的龍頭老大，日本豐田汽車公司於年初發生的大規模汽車產品品質問題的召回事件，起因是 2009 年底公司自即連續發生汽車的油門踏板、腳踏墊及制動系統的品質缺陷等一系列的問題，接著是將近 1000 萬輛汽車之召回事件。豐田汽車公司由於不斷地向社會大眾宣佈進行汽車召回活動，陷入空前的危機，消費者對於豐田汽車的品質信心大失，且創下美國史上汽車車廠最巨額的民事罰款。此汽車召回事件除令豐田汽車公司蒙受巨額財務損失之外，更陷入了產品品質和經營誠信的雙重危機；美國汽車市場於 2010 年 1 月以後逐漸復甦，但豐田汽車在美國銷售量卻比去年同期下降了 16%。只能將全球汽車市場佔有率第一的地位拱手讓人，豐田汽車的企業形象因而嚴重受損。

綜上所述，成功的企業經營必須：

1. 專注於品質的提升，確保持續提供符合市場顧客期望的產品和服務。

2. 執行有效的管理授權賦能，促進第一線員工能迅速回應市場顧客需求。

3. 消除生產過程中所有形式的多餘程序和浪費，不斷努力提高生產效率，降低營運成本。

　　要達成上述各項要求，公司必須經常保持有效的執行力。台灣鴻海集團創辦人郭台銘先生對於執行力的定義是「速度、準度、精度、深度、廣度的全面貫徹」。也就是企業的有效執行力在於能全方位的促進組織成功的制度、紀律與方法，可以使組織形成有效的機制以察覺內外環境變化的趨勢，掌握對於組織有利的機會，與避免對組織危害威脅風險。

　　「執行力」一書作者 Bosside and Charan 主張「執行力」包括：好的領導人、好的公司文化、好的員工等三大基礎，其中，領導人的七大重要行為：瞭解企業本身資源與經營團隊、工作實事求是、必須設定正確目標與執行的優先順序、貫徹後續的追蹤機制、依績效表現論功行賞、傳授經驗以提升員工能力、擁有情緒韌性。他並提出人員、策略、營運三大營運關鍵流程；認為公司經營者的領導工作不能授權他人完成，要能知人善任，要主導建立能促進公司文化變革的架構與機制。（Bosside and Charan，2012）

策略的執行就是確立目標後，領導者導入正確有效的管理制度架構與實施規則，然後能動員組織幹部全力執行。

俗話說：「二等計畫加上一等的執行力，比一等計畫加上二等的執行力更勝一籌」。企業靈活運用甄選、評估、教育訓練、管理員工的方式是發揮高品質的執行力達成任務的有效工具。企業經營者要能做到下列原則，以確保高效率的執行力：

1． 鼓勵員工幹部承擔責任、勇於任事。

2． 詳細釐清策略重要內容的細節，執行重點聚焦於與策略有關的事項，確保排除與策略無關事務的干擾。

3． 以客觀的態度評估以往的執行經驗，從錯誤中學習，記取錯誤經驗的教訓。

4． 執行任務不計代價堅持貫徹到底，允許有例外，但要能進行控管。領導者能忠實奉行上述要領，鼓勵員工建立「當責」（accountability）的心態，是驅動執行力的重要關鍵。

（三） 企業文化要以五常德為中心，兼顧仁（獲利）、禮（生活）、義（績效）為導向

追求成功的企業經營，基本上都是對績效抱持高度的期望，也就是公司內部具有高績效的文化特質。績效導向企業文化的特點在於：

1. 激勵幹部與員工全力以赴投入工作執行。

2. 以讚美表揚和金錢激勵員工達成任務的成就，但仍需持續提高績效目標的標準。

3. 創造充滿挑戰、令人滿意，能促進員工樂在工作的環境。

4. 建立明確的公司經營理念與核心價值，並確實執行。

企業經營者使用有效的管理方法降低員工的焦慮，激勵所有人全力以赴、授權幹部與員工做決策確認改善作業流程的方法、對於員工的任務達成依其績效給予獎勵與薪酬、減少官僚制度、鼓勵合作的團隊文化與充份的內部訊息交流都是可以有效降低員工焦慮，促進樂在工作的方法。更進一步言，以關聖帝君奧義揭示的企業文化作為推動基礎，達到成功的企業經營，可依據下列各點為原則：

1. 培養以「禮」為基礎，創造有愛心的企業文化：企業真正的成功是基於愛，也就是有益眾生的「利他」，企業的經營是讓幹部員工為經營者謀取利潤、成功和快樂。如果企業經營的過程中，員工不能體驗到成功的喜悅，經營者同樣不會感受到快樂。心中沒有愛的經營者是只是以「己利」為目標，成就不了「有益眾生的大利」。身為企業的經營者要透過建立企業系統使員工樂意參與其中，另方面透過企業的管理模式（如經營理念、願景、目標、創新管理）使公司成為可以讓員工自我實現的平台，才能創造更高價值的企業效益。對於經營者而言，更可以得到「我為人人，人人為我」的心靈富足。日本經營之聖稻盛和夫的經營理念也提到：「只把工作當飯碗，這個飯碗就會越來越破；如果不顧一切

的愛上工作，工作就不但會變成一隻金飯碗，而且這只金飯碗會盛滿成功、幸福和健康的生活態度，源源不斷的回饋給你。」，這是關聖帝君「禮」的文化特質最貼切的詮釋。

2. 建立公司良好的薪酬福利制度，讓員工有機會參與公司的成長：例如星巴克總裁霍華‧休茲的價值主張是將員工的利益放在首位，尊重每位員工所付出的貢獻價值，且公司收益大量投資於員工身上。此經營理念具體落實在公司內部的股權結構及企業文化裡，也成為星巴克公司經營成功的重要基石。

星巴克透過人力資源及良好的員工薪酬制度強化經營者的價值觀和公司文化，其建立品牌的方式是把廣告費用轉移到員工的福利和教育訓練上。首先星巴克每年進行同業薪資調查，經比較分析後，作為固定調薪依據，確保提供較其同業更優渥的員工薪資和福利；對每週工作超過 20 小時的臨時工作人員提供衛生、員工協助方案、傷殘保險等補助，這是同業少見的福利。對於員工的家庭長輩、小孩也有各種的補助方案。這些措施能使員工感受到公司的關懷，員工滿意之後，轉而對顧客提供的服務也能更有品質。其次，星巴克公司以「合作夥伴」稱呼員工，1991 年制訂「員工股票投資方案」，員工可以折扣價格投資公司股票，共享企業經營成果，配合公司對員工的價值思想教育，使員工建立人人都是公司共同體成員的觀念。

3. 以「禮」、「義」為基礎建立「忠誠」管理模式的家園氛圍．現

代企業經營對於員工的管理模式，以「人本管理」為主流，也就是公司以員工個人全面的自我激勵，自我提升成為核心，公司創造相對的環境條件，進而形成員工「自我管理」為基礎，以組織共同願景作為引導員工相互「忠誠」的管理模式。公司領導者以「忠誠管理」為基礎，帶領企業內部塑造內部以「禮」為基礎的「家園」企業文化，公司的管理制度規則依據公司的「家庭禮儀」作為行為準則，領導者、員工、幹部彼此以「義」為相處原則，拓展職場人際關係生活的交流互動，重視意見的溝通。也就是在公司內部重視「人和」，帶領團隊朝向正向力量，創造一個讓員工可以經由工作提昇心智力量，在工作上有自我超越的正向能量，即可用員工之力，貢獻其智慧，得員工之助，使意見能相互溝通，達成目標共識，內部成員同心協力。

當企業內部建立了家園的氛圍，在組織職場能有寬廣的意見交流溝通，管理者容易瞭解下屬的思想與情感。員工在此幸福工作環境下，自然容易建立「忠誠」的家園、責任感、服務的意識，「成為被尊敬的團隊，成為被尊敬的人」進而可以體認到本身工作的重要性，在建立顧客忠誠度上發揮強化的作用。正符合『見賢思齊』、「利人利己」的實踐哲學及關聖帝君五常德的企業文化。

（四）組織架構要保持扁平迅速，以促進執行管理效率（禮、義）

　　企業的組織是由不同個性與背景的人所組成，個人、團隊與組織彼此之間的互動也甚為複雜；組織架構的存在目的是為了實現公司的

決策目標，其主要的功能是為達成公司業務工作的專門化與集中化，以及彼此的協調，以提高企業整體的績效。因此，成功企業的組織架構應根據面對的環境、公司規模、策略、目標、技術與員工等情況來配合設計能動員公司內部資源與能力，以有效率的完成任務，達成目標為主要設計考量。也就是組織架構要依據企業組織與競爭環境的變遷發展進行必要的變革與調整。

美國哈佛大學教授葛雷納 (Larry E. Greiner)1972 年提出「企業組織五階段模型」闡釋企業組織成長過程的演變與組織變革的關係，成為研究企業成長變化的基礎。他主張，組織發展是組織的年齡、組織規模、演變的各個階段情況、企業劇烈變革時期、及產業的成長率等五個關鍵性因素之間的互動和組合結果而演變形成的；組織在不同成長階段應該採取不一樣的模式的組織運作管理模式，才能有效度過組織的管理危機。

企業成長的各個時期，不同成長階段要有不同的組織模式變革與之相適應。管理者如不能在組織進入新的發展階段之際，及時進行適當的組織變革設計，容易產生組織發展的危機，如要順利解決此種組織危機，必須依賴企業領導者進行有效的組織結構變革，否則企業容易因失去執行效率而失敗。

在企業組織發展的過程中，組織的年齡與組織的規模是兩個不容忽視的因素，企業如一直維持相同的組織運作方式必然會產生危機。也就是管理問題與原則會因時間與環境的變化而產生不同的管理問

題，這時就必須進行組織架構的變革，否則企業容易發生內部的組織管理危機。例如，一家企業的組織架構採取「分權管理」的模式，在某一階段可能因為員工能主動負責而有很高的績效，但隨時間拉長，組織年齡增加，容易產生各自為政，部門只管本單位利益，不願溝通協調，致而危害到整體公司的效率與利益等問題。

而且，隨時間的經過也易造成「管理模式定型化」的問題，即員工的行為、態度與作法一成不變，沒有彈性，不易改變，若這些行為模式已落伍不合時宜，公司也視為理所當然而不自覺，這時企業組織容易因市場環境變化，回應沒有效率而產生危機。

例如企業發展初期，組織年輕，最重要的是產出產品或服務，創造市場，需要許多創意，這些創意以尋求變化為主要訴求，可能雜亂無序，這時的組織要求通常是技術或創業導向，不需要太複雜的管理活動和策略，創業經營者本人就即能領導與控制整個團隊，較為簡單的行政管理結構就可以有效率的回應市場。隨著年齡的增長，經營者個人的管理幅度有限，組織開始進行部門專業分工，此時組織運作會傾向於保守，必須有加倍協作機制才能有效率的管理。

同時，一個組織的問題和解決問題的方法也會因員工人數和營業額的增加而有很大的改變。組織隨著規模增大和員工人數增多，會有更多的溝通與協調的問題，需要增加新的單位與功能及增加管理層級，各種不同工作業務的關連性也更為複雜，組織架構就必須變革，發展各種系統和程式以應付更複雜的業務問題。例如：有百年歷史的可口

可樂企業，其得以發展迄今仍生命力旺盛，主因是歷代可口可樂領導人能依照組織成長階段模型，適時推動在組織管理方面的變革，因而能有效的因應組織內部成長特性的變化。

企業組織的發展階段不同，其組織管理架構也應有不一樣的模式，才能持續保有組織靈敏性與競爭力。不論各種的組織管理架構如何變化，企業經營者必須依循下列的原則進行組織變革才能確保組織的效率。

保持扁平迅速的組織架構，真正的關鍵在於組織架構能否減少官僚作風，簡化工作。能更簡單、更迅速的執行工作，完成任務，是所有組織再造工程最主要的目標。扁平迅速的組織模式重點在於：

1. 依競爭環境變化，要與時俱進執行組織調整，使組織內部運作能更有效益，強化過去組織機制的缺失。

2. 撤除多餘的組織層級架構、官僚化行為等，以提升組織效率為目的進行簡化變革。

3. 建立寬廣的互動溝通機制平台，創造全公司內部合作和資訊交流的有利機制條件。

4. 組織機制的調整以讓最優秀的人才處理公司重要的問題，讓績效表現卓越的第一線人員適得其所為依歸。

5. 使學習與變革成為公司的企業文化，當市場環境有較大的變化，組織即能迅速因應危機，甚至預應管理危機，確保公司的靈敏與

彈性。

關聖帝君五常德導師課程強調企業經營要以「義」的與時俱進，重視時序，同時在變革上要能依循通達的工作職場倫理，促進公司內部的訊息能充分溝通，捐棄己見，致力組織變革，共同為度過組織的危機而努力，再造企業生命，永保基業長青，正是企業促進執行管理效率的指引明燈。

二、以五常德思維執行正確的公司管理實務，修練學習型組織文化

企業經營領導者能以五常德奧義為基礎有系統的營造正確經營思維，必能的執行管理實務。盱衡當前全球的企業經營趨勢已從過去以「自我」為中心的「利己」經營思維轉變為「棄利己癖」、「利他主義」。現代企業經營者的心態也應該以宏觀思維，基於天人合一的天地自然法則，重視企業與社會互動，依照良心指引，追求員工與企業協調、和諧的生活方式和經營目標，講求整體的系統性，亦即企業經營要考量社會性、教育性與收益性融合，由造福自己擴大至造福世界眾生利益，如此才有助提升企業的信用形象，以及員工的士氣與工作動機進而使企業獲利。（船井幸雄，1999）

企業經營者以此思維心態基礎修練組織文化才能正確的建立現代學習型組織文化，培養優秀的管理團隊，有效執行管理實務，引領公司邁向成功。具體實施內涵包括：

（一） 公司能留住優秀人才，培養更多人才、重視員工身心健康與創新能量 （禮、義、仁）

衡量組織團隊內部人才的質與量，最重要指標就是領導者是否能在公司內部拔擢專業人才，培育出自己的傑出卓越幹部，而非只能在組織危機時以高薪去延攬外部的優秀人才。

一家公司擁有優秀專業人才的最佳明證是，如果公司內部的高階主管跳槽或被挖角，很容易可以從內部的儲備幹部中找到適當的繼任人選接下工作任務。

其主要特點包括：

1. 能廣開內部選才途徑，充分拔擢內部優秀人才擔任中高階主管職位。

2. 有系統的設計及持續推動公司內部人才發展品質教育訓練計劃，讓參與培訓的員工都能得到專業知識和技能的提升。

3. 能規劃有吸引力、具挑戰性，有利員工發揮其潛力的工作內涵，使員工願意接受任務的挑戰。

4. 高階主管能以身作則，親力親為重視優秀的人才，爭取績效表現卓越的專業人才為公司效力。

（二） 企業領導人能以正確心態專心經營公司 （智、信）

企業拔擢卓越的人才擔任決策主管可以大幅提昇公司的績效。公

司治理機制良好的董事會應具備的條件當中有兩項真正重要的基礎：董事會成員要真正了解公司的業務，以及要有殷切追求公司成功的企圖心。

一個優秀的企業領導者必須能做到：

1. 以「義」的人際關係精神鼓勵公司管理階層，積極加強與各層級員工的溝通關係連結。

2. 以「禮」的家庭經營融合企業文化觀念，鼓勵管理階層強化。

3. 擔任董事成員要能體認公司成敗與個人財務利益息息相關，公司的成功即是個人目標的成就。

4. 公司領導團隊的報酬與獎勵，應與其績效表現密切連動。

（三） 企業經營者能推出創新的產品和服務創造並改變整個產業的創新（信、義）

企業經營能靈敏回應市場的需求及具有彈性，是企業長青之道。反應靈敏的公司必須能夠依據市場的變化趨勢，持續推出創新的產品和服務，有能力以主動預應式（proactive）的管理在危機尚未成形時，即能預先採取行動，管理產業中會影響企業生存發展的各種事件，而不是被動地採取因應措施。因此，企業的創新必須：

1. 持續專注研發創新技術及關注產業新科技的變化，適時引進創新的技術和相應的經營模式。

2. 運用符合市場需求的創新技術來設計產品，與組織機制密切配合，以強化營運績效。

3. 避免「執著於」本身任何的產品或服務，要能在競爭者成功複製自己現有產品與優勢之前，毫不遲疑地淘汰已被模仿的現有產品；快速改善自己產品品質，以及創新產品。

4. 能有系統地辨識、評估選擇能與公司本身現有優勢互補的協力合作夥伴，進行密切合作以共同促進營運成長。

日本經營之聖稻盛和夫認為，「宏偉的事業，是靠實實在在的微不足道的一步步的積累，獲得的」。企業經營，組織需要以「信」的精神與時俱進，持續的學習才能避免落伍。許多公司會失敗的主要是因為組織學習的障礙，妨礙了企業的學習與成長，因而無法迅速回應市場競爭環境的變化，失去競爭優勢，導致危機。當代社會科技發展日新月異，經營管理知識的革新週期愈來愈短，過去企業以「一次性學習」的營運知識，使用「不變應萬變」的管理方式已無法適應現代的時勢潮流。全球化時代的來臨，科技、經濟快速發展，如何在有限時間內大幅吸收知識，將其轉化為企業的生產效率，公司內部能發展有效的學習機制，是經營成功的動力。

在知識經濟時代的企業經營團隊必須建立「學習型組織」，才能適應時代發展的需要，快速吸收創新的知識，改善公司的競爭力。當今不論是高科技或傳統產業，能持續保持競爭活力的企業，其主要特徵是那些善於開發、改良、革新、應用與保護知識，且能迅速、持續

不斷的將其轉化為先進的產品或勞務的公司。近年來，美國的許多知名企業，如聯邦快遞、奇異（GE）電氣公司、AT & T、福特汽車、摩托羅拉、歐洲的 ABB、羅孚、賽恩斯鋼鐵等公司皆紛紛投入大量資源，推動「學習型組織」的建立；透過培養整個組織的學習氣氛，建立組織的學習文化，發揮員工的創造性思維能力，方能快速回應環境的變化，提升競爭力。事實上，企業就是一個組織知識體，不斷吸收新知，並轉化產生新的知識，而企業要能有效進行知識管理，將其內涵轉化為企業的競爭力；企業持久的競爭優勢築基於能比競爭對手學習得更迅速。

例如，英國最大的汽車製造商 Rover 公司在 1980 年代歷經了連年虧損超過一億美元的巨大危機，當時其內部管理秩序混亂，生產的汽車產品品質不良，公司內部勞資關係惡化，致使董事會撤換總裁，80 年代末期，葛拉漢（Graham Day）上任成為新總裁，當時全球汽車業環境競爭激烈，技術日新月異，而公司缺乏高素質人才，市場顧客對 Rover 的汽車產品更加挑剔。在此情勢下葛拉漢決定大力推動「學習型組織」的觀念，實施全面品質管理與顧客滿意專案，以振興 Rover 汽車公司。其推行「學習型組織」改革的重要措施如下（林耀華，2008）：

1. 成立學習事業部：公司於 1990 年 5 月在內部成立 Rover 學習事業部（Rover Learning Business, RLB），專門負責促進全公司的學習管理事務，並要求公司的全體董事會成員兼任委員會成員，且必

須積極參與 RLB 的工作。公司的高階管理者要率先作為學習型的領導者，親自示範參與學習，力求使學習成為全公司每個部門幹部及員工日常工作業務不可分割的一部份，而公司則為員工的學習提供必要的支持與幫助。

2. 「以人為本」的管理哲學連結個人學習目標與公司的發展方向：以 RLB 單位將公司目標與組織學習連結，強化與鼓勵員工、幹部、領導團隊克服思維的侷限，也就是必須「改變心智模式」，不斷拓展自我發展，要「自我超越」，強化個人與集體的協作精神，進行「團隊學習」。公司堅持「以人為本」的管理哲學，授權賦能，為每位員工制訂工作保障與個人發展計畫，實施機動的工作職責，為員工的學習創造各種機會與條件。為了指導員工與團隊學習，公司實施兩項執行措施，一是由部門主管為員工制訂個人發展計畫書，明確提出員工教育訓練的重點及實踐工作要達成的學習目標，此有利於個人事業成功，也有利於員工的學習符合公司發展需要。另一項措施稱為員工助學工程，即公司每年支付一百七十五美元津貼，作為員工個人學習，鼓勵員工發展多方面的工作技能使用，員工不僅要學習與本職工作相關的知識、技能，也要掌握新知識、新技術，拓展個人發展和公司視野，創造有利於創新的環境和機會條件，充分激發員工的積極性和創造性。

3. 推動組織扁平化變革，以團隊克服學習障礙：公司對於舊有組織結構進行變革，精簡組織層次，建立扁平化組織結構，為員工個

人創造更大的責任與自主空間。以團隊學習及溝通機制，強化團隊建設，例如每位員工可以定期得到學習產品，設立公開記事宣示牌、電子公佈欄、及人員流動現況與工作輪換平台等，以極大化提高學習效果。

4. 導入標竿管理：RLB透過標竿的設定，引導，支持員工與幹部團隊，以公司內外部先進的生產、管理技術為師，實踐標竿學習，轉而在公司內導入、運用這些知識與技術，並在公司內部不同部門間交流，達成知識、技術、資訊共享的「系統思考」。

5. 制訂能與合作伙伴一起成長的策略：公司為提高組織學習能力，認為所有的學習必須將外部環境及合作伙伴納入企業考慮的範圍，因此，積極與供應商、經銷商、顧客協調交流，分享學習成果，共同進步。

時至今日，Rover公司透過推動「學習型組織」的改革，建立了公司對外界環境反應靈敏的組織文化，終於轉虧為贏，脫胎換骨成為全球最富競爭力的汽車製造商之一，公司內部員工的滿意度和生產效率也屢創新高，Rover公司內部員工的調查顯示，超過85%的員工對自己的工作感到滿意，認為公司的教育訓練使自己受益，且樂意齊心協力為公司效力，提升生產效率。這是公司領導者推動「學習型組織」的建立所帶來的經營成效。

由此可知，企業的致勝關鍵在於領導者、幹部、全體員工能以正向能量信念的圓融思維建立「學習型組織」的文化作為根本。組織文

化的成分包括共同價值觀、行為模式、象徵性質的活動等，是提供激勵與典範的動力，也是企業經營策略、管理制度有效執行的關鍵，更可以成為公司內所有員工心靈深處共有的基本信念，會不自覺的作用，並將員工對公司本身與環境的觀點以「視為理所當然」的形式表現出來。所以，企業建立良好的組織文化，自然容易依循正向圓融的正道能量及方法推動企業的經營方向，以利益眾生為使命，實現「利他」的事業經營。

反之，若企業經營者不以「智」的思維，建立「有利眾生事業」之理念，卻以追求自身權力為尊，不喜察納建言，獨斷決策，缺乏經營發展策略的正確思維；幹部依附於組織而不敢有所獨立的思維與決策，人云亦云、不以「義」溝通；各部門幹部習慣於在內部爭奪資源、搶佔權力位置，輕忽環視外面世界的未來趨勢變化，自然對於外界的新知、競爭環境的更迭視若無睹，渾然未覺。當公司內部瀰漫人際關係重於專業素養與專業貢獻，專業貢獻者的價值被抹煞，組織為了內部利益的爭奪，而無視職場的公平正義與倫理道德，上行下效、人人為己，在此的氛圍下，拔擢賢才成為空談，具有專業價值的人才紛紛選擇離開；任何公司在內無良才運籌決策，外無危機意識的情況下，容易陷入經營險境，必然種下敗因。

最關鍵的解決之道，必須強調「攘外、必先安內」的思維，以正確的企業文化信念領航，企業塑造學習型組織的五常德文化的氛圍，創造人才成就感、引進人才、留住人才，成就基業長青的圓融企業國

度。總而言之，企業以五常德信念思維形成的「學習型組織」文化，就是推動企業經營成功的正道與正向能量的圓融方法。

企業失敗原因：

1. 領導者只顧權力發展，未往正確的經營策略方向思考：忽略【信】（精勤的持之以恒）的經營思維方向

2. 花費精神於處理人際紛爭內耗，無法形成高績效的團隊，「利益眾生事業」：經營事業應以有利眾生利益的觀點為考量，也就是「棄利己癖」，行事應以對自己與他人都有利益的事項為優先，不應勤於為自己利益爭權奪利。否則不僅無益於眾生，反而使整個經營團隊分崩離析，導致企業失敗。

3. 權力使人腐化，獨裁的失敗決策：五常導師第六篇中訓示：智的奧義為「建立利益眾生的事業」，經營事業應該「知道遵道、學而致知、智而不奸」。

4. 模仿他人成功的商業模式，卻未審視本身資源和能力條件：成功的商業模式與經驗並非都一成不變，要能與環境、企業組織文化、資源特性相配合，例如，個案一：奇異（GE），電氣公司；個案二：美國西南航空。

5. 未體察環境的變化，適時推動變革與創新以促進進步：執著於高利潤產品，忽略市場與顧客的風險分散與事業轉型的契機，個案一：美國 Eastman Kodak Company（伊士曼柯達公司）。

6. 執著於管理理論能帶來成功的迷失：套用理論不當驗證的迷思，個案一：日本汽車強烈競爭威脅美國汽車業。

7. 公司經營未齊之以禮，運作充斥潛規則，缺乏向上提升的力量：公司內部管理方式失靈 導致生產士氣低落，生產力降低：個案一：美國西屋電器公司的「霍桑（Hawthorne）實驗」的啟示。

8. 缺乏對資金運用的規劃：企業營運賺錢必定要完全依賴資金的迷思；公司經營太依賴資金槓桿操作的後果是，當經濟環境發展循環變化，成長趨緩，資金一旦崩潰，其企業體系即容易因資金周轉失靈而全面瓦解，導致失敗。

9. 不重視企業對大眾的社會責任：

（1）企業產品品質的問題所引起的社會反應，個案一：中國 2008 年「三鹿毒奶粉事件」；個案二：頂新食用油事件。

（2）忽視對員工的企業責任（員工並非僅是工作的機器）：企業需要利潤才能生存，但企業運作不能無限制追求利潤而不顧員工的激勵與福利，現代社會，企業經營無論對外的客戶或是對內的員工，都需要兼顧「利」與「義」的關係，這也是企業社會責任的一環，對於員工「言利不言義」、不重視員工的心理感受、身心健康與事業生涯發展，最後損害的必定是企業。

結論：企業經營成功之道

　　依據關聖帝君的「正道正法」訓示，發展經營管理上應依循的正向能量與獲得圓融成就的具體作法。

1. 正本清源之道在於公司要能建立學習型的組織文化，有能力學習判別環境與學習典範公司的複雜因果關連脈絡與社會環境因素特性，針對本身資源條件不符合之處建立學習機制，經營秉持「智」的信念，處處為眾生利益著想，以「信」的精勤修持為基礎，建立利益眾生的使命與正確經營方向。

2. 關聖帝君的利益眾生事業原則中明白揭示：不以己利為中心，教義中亦提示自我成長困境之一為：「輕視一切人事物，不以眾生利益為念」。

3. 企業策略必須秉持「義」的思維，在「工作上與時俱進」的經營，及「信」的理念，能勇於在事業經營上「精進修行」，是成就事業應該依循的正道。

4. 關聖帝君奧義揭示，以「智」建立利益眾生事業的經營，要能因地、因時制宜運用理論於有利大眾的事業經營；以「信」堅持利益眾生的永續使命，「精進修行」，秉持「義」的思維，在「工作上與時俱進」的經營，方是企業永續成功之道。

5. 公司經營的根本之道在於領導者必須重視內部建立「義」：通達的人際關係，和「禮」：將公司內部員工相處行為視為大家庭的

經營的基本文化素養。管理者在重視激勵手段的同時，必須要明確以「禮」、「義」為基礎文化，建立通達的公司人際關係行為才是長遠之道。不宜任令公司內部員工幹部導向不正確的道路，成為利益的奴隸，避免迷失於金錢獎勵與權位鬥爭，這是企業經營者所必須思考且應避免的迷失。

6. 管理大師蓋瑞‧哈默爾在「決定未來贏家的五大關鍵」一書中即指出：面對提高透明度和保護消費者的呼籲，公司置若罔聞；企業的公關活動捏造事實，把外界的批評妖魔化；企業經營者覺得社會利益跟己身利益沒有太大的關聯性等，都是現代企業經營值得憂心的現象這些企業的作為當然也會反過來危及企業的永續發展。

7. 蓋瑞‧哈默爾的主張與關聖帝君「智」的精義—企業經營應該「建立利益眾生的事業」正可相互呼應。也就是企業經營所推出的產品和服務要從建立「利他」的價值觀和道德觀出發，回歸人本，實踐社會責任，才能避免失敗，贏得未來。

8. 關聖帝君五常德課程「仁」的精義即諭示，企業賺錢獲利，應顧及員工追求法喜的「身心健康」。企業經營者有責任為員工創造安心工作的環境與條件，公司經營才能持續發展。

9. 企業成功的關鍵要因在於公司內部文化建立以關聖帝君五常德「仁、義、禮、智、信」的思想理念為基礎的學習型組織，如此一來企業領導者、幹部、員工將得以依靠關乎經營成敗的正向能

量信念。企業能建立關聖帝君揭示的五常德正道文化，形成學習型組織，企業即能有組織正確發展方向軌跡，有利於開啟企業執行力能量的根源，當面對各種環境變化的挑戰時，公司經營自能避免失敗危機，獲得圓融成就。

建立以五常德為基礎的經營信念，創造企業成功方程式的實踐策略：

一、 公司以關聖帝君「五常德文化」為經營哲學理念

　　（一）企業策略必須清楚專注於「利人利己」以「利益眾生的使命」為定位（信、智、義為基礎的經營信念策略）。

　　（二）策略成功的基礎在於以正確工作的規則，驅動有效率的「執行力」（義）。

　　（三）企業文化要以五常德為中心，兼顧仁（獲利）、禮（生活）、義（績效）為導向。

　　（四）組織架構要保持扁平迅速，以促進執行管理效率（禮、義）。

二、 以五常德思維執行正確的公司管理實務，修練學習型組織文化

　　（一）公司能留住優秀人才，培養更多人才、重視員工身心健康與創新能量（禮、義、仁）。

（二）企業領導人能以正確心態專心經營公司 (智、信)。

（三）企業經營者能推出創新的產品和服務，創造並改變整個產業的創新化 (信、義)。

參考文獻

方至民。策略管理 - 建立企業永續競爭力，前程文化事業有限公司。2012。三版。pp. 139-140。

陳念南。1999。看故事學管理。中國生產力中心出版。P. 7。

林建煌，2006。管理學。新陸書局。二版。.

林耀華著。2008。王牌團隊 - 團隊管理聖經。海洋文化事業有限公司出版 .

席玉蘋譯。2011。OdedShenkar 著。偷學：真本事，老闆和對手都不會教，你得偷學。大是文化出版社 .。

陳昵雯編。2011。圖解管理學。2011。城邦文化事業有限公司。

船井幸雄著。楊雯琇、洪韶翎譯。船井幸雄經營法則。時報文化出版社。1999 年 .

黃昭虎、李開勝、BambangWalujoHidajat。1997。孫子兵法：商場上的應用 : 在策略管理與思維方式上的應用。艾迪生維斯理出版有限公司。

Larry Bosside and Ram Charan，包熙迪、夏藍, 2012, 執行力：沒有執行力, 哪有競爭力, 李明譯, 台北市, 天下文化.

Willam F. Joyce, Nitin Nohria, and Bruce Roberson, 2003, What really works：The 4+2 formula for sustained business success , Willam F. Joyce, Nitin Nohria, and McKinsey & Company, Inc.,U.S.A..

Gary Hamel, 2012, "What Matters Now：How to Win in a World of Relentless Change, Ferocious Competition, and Unstoppable Innovation," John Wiley & Sons, Inc.

Frederdick Herzberg, 1968, One more time：how do you motivate employees?, Harvard business review (Jan-Feb). pp. 53-62.

Thomas V. Bonoma 1981, Market success can breed marketing inertia, Harvard Business Review, 1981, Harvard Business School.

第二章
以五常德之仁
進行自我超越

第二章 以五常德之仁進行自我超越

　　早在 1959 年心理治學派大師維克多·弗蘭克 (Viktor Emil Frankl) 就已提出自我超越（Personal Mastery）的概念，他認為人們真正追求的並不僅僅是自我實現而已，而是追尋超越自我的生活意義。此涵蓋了探索以及理解自然、社會、文化以及人類定位的存在意義，其目的是為了讓人們得以由此而把握人生、過著更有意義的生活。在追求人生意義的過程中，人們不能滿足於當下生活的平衡狀態，而必須不斷超越當下的自我，這種超越的過程，表現於外即是勇於冒險去進行不斷的創新。彼得·杜拉克（Peter Ferdinand Drucker, 1985, 1999）認為，就企業而言，創新代表創造新價值使顧客獲得新的滿足，從而接近市場、專注於市場，亦即創新來自於市場的需求。杜拉克（1989）也認為，許多原本極為成功的組織之所以衰敗，最大的原因即在於未能持續創新。以下將以一家日本企業在百餘年間的不斷創新突破來說明自我超越的過程。

　　西方學術界在二十世紀中葉所提出的自我超越概念，符合關聖帝君五常德中「仁」的思想：追求法喜的身體健康，代表必須不斷內觀自我，進行自我超越，以達身心靈的總體健全。

　　以樂器及機車聞名的日本山葉公司（Yamaha Corporation）起源於1887 年，當時創辦人山葉寅楠在靜岡縣濱松市從事醫療設備維修業務，因緣際會之下受到濱松小學拜託維修一架風琴成功後，他察覺到

製造風琴具有相當的商機，因此於 1889 年創設日本第一家西洋樂器製造公司—山葉風琴製造所。跨入樂器產業十年後，山葉寅楠觀察到比平台式鋼琴較為便宜的直立式鋼琴受到美國家庭歡迎的程度逐漸超過風琴，決定進軍鋼琴產業，遂於 1897 年成立日本樂器製造株式會社。1899 年日本文部省派山葉寅楠到美國學習鋼琴製造方法，並為鋼琴製造所需的原物料建立供應商體系。由此，該公司於 1900 年開始製造直立式鋼琴，並於 1902 年生產出第一台平台式鋼琴，後來更將其在風琴及鋼琴製作過程中所習得的木工專業知識應用於精品家具製造。此後，在樂器領域中，山葉於 1914 年推出並外銷口琴、1922 年推出手搖留聲機、1930 年創設世界第一個聲學研究實驗室、1932 年開始生產管風琴，再陸續推出手風琴與吉他。

二戰期間該公司被徵用為兵工廠製造航空零組件，因而停止生產樂器，戰後恢復樂器生產後不久，公司即成為全球最大的鋼琴製造商，並開始涉足音響零組件生產，於 1955 年推出高傳真 (Hi-Fi) 電唱機。此時，公司也開始透過其參與軍工生產所接觸到的新技術和材料進行多角化經營，1960 年以其研發的玻璃纖維強化塑膠 (FRP) 生產帆船、遊艇、巡邏艇、弓箭、滑雪板以及浴缸等等。同時，該公司也投入合金金屬研發，應用於生產供建築產業使用的鍋爐及中央暖氣系統。同年，為因應全球市場佈局，成立了山葉國際公司（即後來的美國山葉公司）。1987 年時值公司創辦人創業 100 週年之際，也正逢全球化浪潮興起，乃更名為山葉公司，並進行一系列的合作與併購，不斷壯大其事業版圖。

　　山葉不僅在樂器產業持續精進，也透過參觀德國工廠學習摩托車製造技術，應用輕質合金金屬技術於 1954 年推出 125 cc 二行程氣冷式單缸摩托車，並於 1955 年獨立出來成立山葉發動機株式會社。1968 年，山葉公司推出世界第一款越野摩托車 DT-1，此後山葉機車製造出大量的二衝程和四衝程速克達、公路檔車和越野摩托車，此外並生產全地形機車 (ATV)、雪地摩托車、舷外發動機以及各類型船舶。時至今日，山葉機車公司仍是世界第二大摩托車生產商，僅次於本田工業。

　　日本山葉公司從樂器起家，不僅掌握住每一次環境變化引發的契機，還能主動盱衡時勢，創造自身優勢、擘劃未來，因而不斷開創核心技術進行多角化經營，成為集團化經營的翹楚。

　　山葉（Yamaha）從創業以來所秉持的核心理念就是運用其專業知識及技術開發新產品以開發新市場，由於奉行此一原則不渝，如今的山葉公司依然是日本最多元化的公司之一。從山葉的案例可知，該公司的創新正如 Drucker（1985）所言：「不要分心，不要一次想做完全部，一次做一件事即可。」循序漸進，善用每一次的契機所學習到的知識與技術，一步一步地往前邁進。由於山葉的作法是一路向未來前行，沒有將資源用於捍衛昨日的自己，能夠主動淘汰自己的產品，以避免被對手淘汰，才能將閉鎖的資源釋放出來投注於創新（Drucker, 1992）。正因為山葉善用改變的契機，而它的競爭同業還在依據昨日的情勢與成就來經營事業，所以很少遇到競爭（Drucker, 1995），這正是學習型組織修練「自我超越」的最佳寫照。

自我超越的訣竅是不要分心、不要一次做完全部、一次做一件事、一步一步往前邁進。

第一節　仁－朗仲個案概述

　　1960 年代，台灣開始以相對於先進國家較為低廉的勞動力發展勞力密集為主之出口導向型輕工業，一方面引導農村過剩勞動力轉往工業，二方面降低對進口產品的依賴以減少外匯需求，三方面拓展國際市場。在台灣經濟開始起飛的 1970 年代，台灣國內成衣製造產業興起不久，朗仲服飾公司章董事長當時剛進社會，見到成衣製造業蓬勃發展，人民消費力增加，所以選擇投入服飾零售業。由於當時成衣消費通路尚未完備，而自身也尚未具備財力，加上夜市的興起，因此選擇以進入門檻較低的夜市擺攤經營服飾零售。

　　朗仲公司環顧環境變化，掌握經濟起飛契機，構思發展事業。但並未盲目投資，先檢視自身條件，配合經濟發展步調，選擇先由地攤起家，再徐圖未來發展。

　　一開始，章董事長遊走於南投縣各地夜市輾轉租攤位銷售服裝，適值經濟大幅成長期，內需市場亦隨之擴大，從南到北各地夜市蓬勃發展。章董事長於此時期累積了經營資本以及轉型概念，於 1985 年以

自有資本及借貸資金跨入店鋪經營，全盛時期該店僱用員工人數計有20多人，以單店經營規模而言，實屬難得。由於經營有成，為求更上一層樓、擺脫傳統經營模式，適值企業管理觀念蔚為風潮，章董事長積極吸收管理新知，於1992年開始將管理方法導入其店鋪經營。其時，因為店鋪所在商圈中，越來越多服飾店加入戰場，章董事長由習得之管理知識中，深知其產品必須進行差異化，其目標市場必須先進行區隔，才能避免與眾多同業的同質性產品削價競爭。其次，章董事長亦深知留住既有客群比吸引新客群更有效益，想要留住老顧客，就必須以優質服務獲得顧客的認同。

由於章董事長經營之服飾店位於南投縣內人潮聚集的鎮上，1999年921大地震之後，百業蕭條，後來歷經商圈再造，重塑成為形象商圈，使得商圈樣貌煥然一新，再度吸引在地消費人潮。章董事長為深化在地經營，並徹底落實其市場區隔及產品差異化理念，於商圈精華地帶陸續推出風格、產品各有特色的服飾專賣店。首先，他將創始店定位為個性舘，然後陸續於商圈內設立流行舘、少淑舘、品味舘、以及男仕舘。在這五個不同目標市場、產品各異的店面中，揚棄一般傳統服飾店的吊衣桿陳列模式，改採百貨公司櫃位擺設方式，陳列每一個精挑細選、符合各店屬性的品牌。在個性舘中，以明亮的透光玻璃引進自然光線配合室內照明，營造出寬敞的空間，襯托出個性品牌服飾的獨特性，以符合少女公主穿出自我的要求。至於流行舘，則以都會女性的時尚需求為出發點，店內裝潢風格以流行元素為主調，以配合充滿前衛風格的品牌服飾，讓每位顧客都能帶著一身潮流感悠遊都市。

在少淑館部份，以年紀較輕的女性為目標客群，涵蓋了強調自然休閒女孩的品牌、突顯活潑與風雅淑女風格的櫃位、簡約隨性自在的品牌。至於品味館，經過精挑細選後，僅引進二個品牌，其一為強調塑身的貼身洋裝以及窄管褲，凸顯復古線條的短褲以及腿褲；其二則為迎合時尚運動風的短褲、外套、風衣等等，以彰顯現代女性講求的輕快風采。最後成立的男仕館，則是專門為鎮內年輕男性消費者所打造的服飾專門店，涵蓋範圍較廣，從青少年、青年到型男均是其目標客群。

朗仲服飾公司之所以選擇在同一商圈經營多家目標市場不同的服飾店，乃是著眼於當地並沒有百貨公司，無法滿足家庭生命週期各階段消費者一次購足的需求，而眾多商圈同業仍以傳統服飾店面零售業方式經營，因此章董事長乃大膽在同一商圈中以百貨公司專櫃方式經營不同市場區隔店面，以滿足消費者需求。雖然朗仲服飾財力並不雄厚，但一直懷有拓展加盟店的夢想，因此在自有五家店面成功後，即開始推展加盟體系。一開始進行加盟事業擴展時，為求快速擴充，因此沒有嚴格挑選加盟主，許多加盟商認為經營服飾店並不難，只要對服飾有基本瞭解，其餘的運作只是單純的進貨、庫存、銷貨而已，不需要特殊的專業技能。因為加盟主的心態如此，導致加盟總部想將店鋪經營制度、員工培訓體系導入各加盟店時，屢屢遭遇阻力。結果，面臨同業不斷創新經營、提升服務品質，各加盟店卻仍墨守成規，造成競爭力不斷下滑。眼見在地同業業績蒸蒸日上，自身卻不進反退，加盟主逐漸產生挫折感，轉而將失敗責任怪罪於加盟總部。由於加盟體系運作不佳，朗仲服飾幾經檢討挫敗原因，從中學習如何調整加盟

制度與發展策略，最後推出第二代的加盟體系。新的加盟體系不求急速擴張規模，而是以小而美的發展精神出發，嚴選有意願變革創新的加盟主。此外，在加盟策略上，重視全方位管理顧問服務，例如，新加盟店成立時，除了店面裝潢設計外，還會針對在地特性，挑選適合當地的服飾品牌及相應的店面服飾陳列以及員工服務訓練等等，並於營運初期，經常親臨關心運作狀況，並適時提供諮詢以及必要的輔導。在歷經挫折、重起爐灶後，透過檢討改進，終於使其加盟體系站穩腳步。

由於接二連三的外在環境劇烈變化，致使事業經營面臨嚴峻考驗，轉變經營思維；先迅速調整應變策略，再透過自我深刻學習，依照變局需求，逐步調整經營方針。

朗仲服飾在加盟體系完備之後，隨即展開異業策略聯盟。由於 921 地震之後，全台各地在重建過程中逐步發展出地方發展意識，地方媒體也開始興起，尤其是地方電視台為與全國電視進行區隔，開闢關注地方事務的新聞台，收視大眾也因為關注在地事務而養成收看地方電視的習慣。著眼於此一趨勢，章董事長於 2001 年開始與地方電視台策略聯盟，仿照全國性電視台的規格，提供新聞主播每日坐上主播台播報新聞時的服飾。不僅如此，章董事長還開放店面讓主播直接上門挑選中意的上台服飾，再讓店內員工就其所選的服裝進行造型規劃，甚至也可以依據播報現場之場景、燈光、主播妝容給予造型建議。由於朗仲服飾為主播提供整體解決方案，朗仲服飾不僅與地方媒體成為長

期夥伴關係，也讓媒體相關人員成為長期顧客。歷經多年的努力，由於經營有成，朗仲服飾於 2002 年榮獲經濟部商業司頒發之 GSP 優良商店認證。

到了 2007 年，章董事長再度感受到同業之間削價競爭的惡性循環越演越烈，商圈中同行之間為求生存，對立氣氛愈加濃烈，因此提出區域市場整合策略，以期建立業者之良性競爭環境。由於經濟部商業司頒發之 GSP 優良商店認證已經促使許多商家進行變革並獲頒認證，而網路購物也已逐漸興起，章董事長於是與志同道合的 GSP 廠商共同推出「專業行銷整合」概念，提出跨公司、跨業種的聯合創新服務，申請政府經費補助成立 GSP 購物網。該購物網主要推出的服務是提供參與該網的 GSP 業者擁有專屬的購物網頁，讓這些業者於原有的實體通路之外，另外擁有一個可以接觸消費者的虛擬通路以增加其商機，從而達到虛實通路整合的嶄新經營模式。在章董事長號召及核心廠商齊心努力之下，高峰時期整合 2000 多家不同產業的廠商，同一時間線上商品類別琳琅滿目，在電子商務發展初期，其規模幾可媲美百貨商場。當時，參與該網站的業者，不僅可以由平台端共同行銷，也可以單店進行網路行銷；除了讓業者有更多管道可以接觸消費者，相對地也能提供消費者更多選擇。此外，為了能夠使該 GSP 網站能夠與其他購物網或拍賣網有所差異，網站持續創新功能，設計出讓消費者可以擁有專屬網頁以便進行個性化搜尋預購商品功能，以促使消費者樂於持續在此網站購物。

在實體店面部份，921 地震後政府積極輔導各地原有商業聚落成立形象商圈，朗仲服飾所在商圈亦接受輔導進行商圈環境再造。在多位有志向上提升的業者共同努力之下，該形象商圈成立發展協會，由章董事長擔任首任理事長。協會理監事深知政府不可能長期補助商圈經費，在前期輔導成立形象商圈以協助改善環境設施與顧問輔導之後，商圈必須自力自強以圖發展。因此，除了舉辦各類型活動以活絡商圈並吸引人潮外，章董事長也與協會核心幹部一一說服商圈店家改變原有經營思維，期望各店家能夠持續投資店內裝潢與擺設，以配合商圈再造美化後之整體形象，塑造優質的購物環境。然而，儘管大部份店家樂於配合，仍有少數店家採取觀望態度甚或依然故我，成為策略聯盟過程裡美中不足之處。

經營者不僅持續尋求自我超越，並且推己及人，不吝於將本身透過努力學習、實踐而得的自我超越經驗進行分享，提升團隊與策略聯盟夥伴之自我超越能力。

此外，朗仲服飾公司在實施市場區隔過程中，發現許多女性顧客經常前來光顧，特別喜歡新推出的款式獨特服裝，但卻常常止於欣賞而不購買。經過私下瞭解後才發現，這類顧客追求品味，會購買高級服飾，卻又不喜歡同一件衣服穿太多次；但因不可能時常消費高價位商品，所以才會經常發生即便愛不釋手卻不消費的狀況。章董事長發現這種特殊狀況後，苦思解決之道並徵詢顧客意見之後，終於跳脫銷售觀念，針對高檔服飾推出創新的「只租不賣」經營模式。其創新動

機在於讓顧客可以用較低的成本穿到夢寐以求的服飾，不但可以不斷穿到當季流行的服飾，也不用擔心花大筆金錢購買的服飾成為家中衣櫥的累贅。為了滿足這一獨特客群的消費心理－即使是租賃服裝也必須是鮮豔如新，因此朗仲服飾設定每套服裝最多只能出租五次，五次之後即將此套服裝下架轉售至二手市場。

配合以上的市場區隔及目標場所推出的創新服務之餘，朗仲服飾也適時導入當時開始受到企業重視的顧客關係管理，不僅透過顧客資料分析以提供顧客所需之產品與服務，也極為重視顧客消費之後的售後服務。當消費者反映其感受到朗仲的服務有所缺失或是不夠周到，朗仲服飾會仔細傾聽顧客的聲音，以作為後續改善檢討的依據；同時，為感謝顧客提供寶貴的意見，也會贈送貼心的小禮品以為回饋。朗仲服飾建立這種制度，不僅拉近彼此之間的距離，也得以獲得顧客的信賴，讓顧客覺得其與朗仲不止是交易關係，而是朋友關係因而願意與公司保持聯繫。

至於員工教育訓練方面，由於每位顧客均有其獨特需求與品味，因此朗仲不僅要求店內服務人員具有該行業必備的基本知識－服飾與造型，還期許員工成為每位顧客的專屬造型設計師，以滿足顧客享有尊榮服務的需求。為此，朗仲服飾不惜花費巨資聘請專業師資，舉辦各式培訓課程，讓員工增能後得以加強顧客服務的深度與廣度。透過此一定期培訓制度，該公司服務人員都能獨當一面，不僅能為顧客提供穿著風格建議，也能夠給予包括妝容、髮型、配飾等等總體造型搭

配建議，成為名副其實的造型設計師。此一培訓制度的創新，也讓顧客讚不絕口，認為來到朗仲消費具有極高附加價值。

　　當員工因充實專業知識而獲得顧客肯定之後，其自信心與成就感隨即油然而生，有更強烈的動機與意願繼續提升自我，因此朗仲服飾開始規劃下一階段的培訓。章董事長認為服飾零售業中，公司所進商品必須透過第一線服務人員介紹、販售給顧客，若服務人員的服務技能不足，則再優良的產品也無法吸引顧客的青睞。而要改善員工的服務技能，首先必須改善其服務思維，唯有徹底改變員工的想法與心態，才能讓他們樂於不斷思考如何提升服務品質。章董事長認為員工必須瞭解漫長的職場生涯中需要的不僅僅是技能而已，更需要正確的思維。因此，除了以上提及的專業訓練之外，章董事長也聘請專業師資來培養員工的正向思維與心態，以期員工能從心改變，當心態正確了，則後續的應對進退、人際關係等等的培訓也就水到渠成。

　　總結朗仲服飾在顧客服務所做的種種努力，可以發現它是以服務品質的提昇來創造該公司與其他同業的差異化。如此一來，當消費者需要購買服飾時，不僅會從品牌、材質、價格進行考慮，也會從其他差異化服務進行比較。因此，縱使朗仲服飾的產品價位普遍較同業來得高，消費者依然會選擇至朗仲服飾消費。原因無他，因為朗仲以其所創造的服務差異化拉近了公司與消費者之間的距離，讓彼此建立起如朋友般的信任關係，而非僅是商品買賣關係，顧客相信朗仲服務人員的專業度，朗仲服務人員也會以朋友的角度為顧客提供衷心的建議。

由於關係的轉變，顧客來到該公司，並非純粹的交易，而是來和朋友互動、閒話家常，甚至還會主動幫朗仲進行推薦，而成為該公司的口碑行銷團隊。此外，為深化服務，朗仲再進一步推出創新服務措施：推出承諾卡。每一件服飾售出時會有一組專屬的編號，消費者購賣後若發現產品出現任何問題都可以聯絡朗仲，朗仲會立即為消費者提供所需的服務。由於這種服務已經直追世界知名品牌，不但提昇了消費者心中對於產品的價值感，讓顧客覺得物超所值，也無形中進一步強化了顧客對朗仲的好感與信任度。

　　雖然經過以上各種嘗試與創新，使得業績不斷創新高，朗仲服飾公司卻也面臨到一個難題：對於服飾的消費趨勢無法精確掌握因而導致銷售預測失準。即使台灣服飾產業經過數十年發展，供應鏈體系的調整極為快速，服裝從設計、生產直到上市僅需半年，但半年期間內的氣候變化及景氣變動等外在因素不時影響終端零售業績。例如，夏季規劃的冬裝一旦碰到暖冬，厚重的冬衣自然滯銷而造成大量存貨，庫存過多繼而影響企業資金運用，這對中小微企業服飾業者而言，往往屬於不可抗拒的外在壓力。然而，即便如此，朗仲服飾仍然努力尋求解決之道；最後，朗仲服飾試探性推出服裝走秀展演。在遇到旺季不旺或市場預期失真時，事先通知顧客何時即將舉辦店內走秀活動，活動當天仿照時裝秀聘請模特兒穿上店內主推服飾走秀，讓顧客倍感尊榮。由於這類服飾通常單價較高且進貨數量有限，往往當天立即銷售一空，若搭配促銷活動，還能帶動其他非主打商品的買氣。由於朗仲服飾公司這種不斷努力創新的精神，不僅化危機為轉機，還成為留

住顧客的利器。

　　中小企業為台灣經濟命脈之所在，經營者與員工之關係往往極為緊密，形成休戚與共的夥伴團隊，透過一起努力打拼來維生計並實現人生理想。面對瞬息萬變的經營環境，必須全員致力於不斷自我成長而驅動企業持續自我超越而達永續經營。

第二節 仁—朗仲個案重點作為

一、從夜市擺攤的經營方式白手起家，在南投縣各地夜市銷售服裝，累積了經營資本以及轉型概念。

二、1985 年以自有資本及借貸資金跨入店鋪經營，全盛時期單一店面僱用員工人數 20 多人。

三、1992 年開始將管理方法導入其店鋪經營，導入現代化管理，進行產品差異化、市場區隔，找到市場定位。

四、依據顧客之消費習性，重新定義目標市場，在形象商圈內同時開設五家服飾店，計有個性、流行、少淑、品味、男仕等專營不同市場區隔之服飾專賣店。

五、揚棄一般傳統服飾店的吊衣桿陳列模式，改採百貨公司櫃位擺設方式，陳列每一個精挑細選、符合各店屬性的品牌。

六、推出小而美的服飾加盟系統，嚴選有意願變革創新的加盟主，重視全方位管理顧問服務。

七、2001 年開始與地方電視台策略聯盟，提供新聞主播播報新聞時的服飾，開放店面讓主播直接上門挑選中意的上台服飾，再讓店內員工就其所選的服裝進行造型規劃，甚至也可以依據播報現場之場景、燈光、主播妝容給予造型建議，亦即提供整體解決方案。

八、由於經營有成，朗仲服飾於 2002 年榮獲經濟部商業司頒發之 GSP

優良商店認證。

九、2007 年，因同業之間削價競爭的惡性循環越演越烈，對立氣氛愈加濃烈，因此提出區域市場整合策略，以期建立業者之良性競爭環境。於是與志同道合的 GSP 廠商共同推出「專業行銷整合」概念，提出跨公司、跨業種的聯合創新服務，申請政府經費補助成立 GSP 購物網以提供參與該網的 GSP 業者擁有專屬的購物網頁，讓這些業者得以跨入虛實通路整合的嶄新經營模式。

十、跳脫傳統服裝銷售觀念，針對高檔服飾推出租賃服務，其創新動機在於讓消費頻率高、喜歡新款服飾的顧客可以用較低的成本經常穿到夢寐以求的服飾。

十一、導入顧客關係管理，不僅透過顧客資料分析以提供顧客所需之產品與服務，也極為重視顧客消費之後的售後服務。

十二、定期舉辦教育訓練以培養員工的正向思維及心態、以及專業知識，讓員工具備正確的服務觀念，並期許自己成為顧客造型設計師，以提升工作人員的成就感與自信心，從而具備正向的職涯觀念。

第三節　仁—朗仲之自我超越

依據前述朗仲服飾之個案描述及重點作為，可知朗仲服飾在二十餘年間不斷創新前行，就個人、組織、同業進行自我超越，其路徑歸納如圖 3 所示。

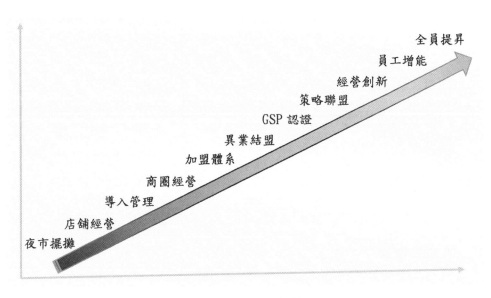

圖 3. 朗仲之自我超越

第四節 仁—朗仲個案問題討論

一、 朗仲服飾在五常德之仁義禮智信各有何作為？

ANS：

五常德為以仁義禮智信為道德準則的五常之道，是做人生活的基本道理，而在企業經營上亦能適用。

儒家說：

仁者：育萬物而底於成

義者：宜萬物而適乎中

禮者：齊萬物而止於定

智者：辨萬物而得其所

信者：任萬物而致其用

關聖帝君諭示眾生：

仁：追求法喜的身體健康，代表必須不斷內觀自我，進行自我超越，以達身心靈的總體健全。

義：創造通達的人際關係，表示必須持續探討自我意識，改變自我中心的狹隘，以達圓融的人我關係。

禮：經營和諧的圓滿家庭，意謂著必須視組織為大家庭，與組織同仁建立共同願景，併肩奮鬥。

智：建立利益眾生的事業，亦即必須以共同願景為準則，與組織成員彼此相互學習、扶持，以發展畢生志業。

信：實現精勤的人生理想，代表必須從人生終極理想的制高點進行系統性思考，以達圓滿人生。

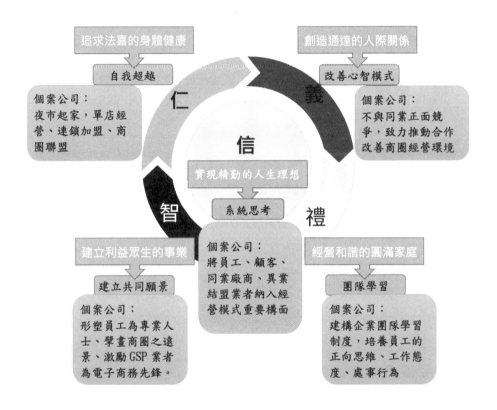

圖 4. 朗仲之仁義禮智信作為

Watkins 及 Marsick 於 1993 年及 1996 年的研究結果顯示，組織學習可以劃分為三個層級，第一個層級為個人層級，包括「持續學習」

以及「對話與探究」二個面向；第二個層級則為小組（或團隊）層級，主要反應在成員之間的「團隊學習與合作」；第三個層級稱之為組織層級，涵蓋「系統導入」、「系統連結」、「授權」、「領導權」四個面向。至於如何衡量組織學習的推動成果，Watkins 及 Marsick 認為可以從二大構面加以衡量，分別是「財務表現」及「知識表現」。其理論基礎之內容詳述如下：

一、個人層級

（一）持續學習

　　所謂持續學習指的是組織成員（公司員工）熱衷於各類有益的學習活動，而組織成員之間也能互相鼓勵學習，以期每個人都能獲得更佳的學習成就。另一方面，組織也允許成員在上班時間進行學習，並且樂於協助組織成員能夠適當平衡配置其學習與工作。同時，組織也會針對個人的學習成果給予獎勵，以期加強員工學習的功用。

（二）對話與探究

　　對話與探究的意義在於，公司內的員工能夠在一個開放且彼此坦誠的回饋系統中互相交流。也就是說，當組織成員對某些議題有意見時，彼此願意真心聆聽對方所提出的看法，並且得以提出自己的想法，讓所有參與的成員能夠充分交流而達成意見溝通的目的。透過組織成員之間這種真誠的互相對話與探究，組織能夠形成形成良好互動氛圍，

進而得以形成堅實的團隊。

二、小組（或團隊）層級

在小組（或團隊）層級中，最重要的是團隊學習與合作。組織內的任何小組或團隊都可以擁有一定的自由度，隨著環境變化調整其運作的目標，也可以隨時進行資料蒐集以及公開討論，用以修正團隊的想法與作法。經過這種彼此合作的過程而達到的共識，可以促使團隊成員經由集體學習的努力，提升個人及組織的工作效能。

三、組織層級

（一）導入系統

為有效促進組織學習，組織必須建立組織學習時所需的溝通系統，讓員工得以運用此一系統進行互相交流。同時，由透過導入組織學習系統，一方面可以瞭解員工學習後的表現水準，也可以用於衡量個人預期績效與實況之間的落差。組織導入此類系統之後，不但可以作為組織學習的輔助工具，也可以隨時更新組織成員的學習資料，讓組織能夠隨時掌握員工的學習狀態與需求，以利協助員工成長。

（二）系統連結

推動組織學習時，為避免各部門各行其事，組織必須協助各部門在組織願景之下依其職責進行不同層次與領域的學習規劃。在此系統

連結之下，不論職位高低，組織成員都能夠彼此分享其獨特的資訊來源。對外而言，組織也可以協調與其相關的外部環境（例如組織中每位成員的家庭以及其所在社區）之需求，以完成組織內外共同希望達成的目的。

（三）授權

在管理知識中，授權指的是組織透過制度的設計授予員工得以完成某種任務所需的權力，擁有這種被授予的權力後，該成員即擁有支配必要的資源以執行任務，並進而協助組織達成組織預先設定的願景。

（四）領導

要完成組織學習，組織中的各層級領導者除了必須鼎力支持與學習相關的種種活動，也必須不斷地為組織尋求可以學習的機會；同時，更需要瞭解每位員工不同的培訓需求，以便隨時指導與協助員工學習，如此方能促進並落實個人與組織的發展。

組織學習可以劃分為三個層級，第一個層級為個人層級，第二個層級則為小組（或團隊）層級，第三個層級為組織層級。

四、衡量組織學習的推動成果

（一）財務表現

當組織開始推動學習型組織之後，由於學習遍及整個組織，因此

組織各方面都將有所提升。組織內各部門的員工的工作效率會提升，其平均生產力自然較過去為佳；由於全員績效提升，市場佔有率比以往來得高，故而更具有競爭優勢。總括而言，以上這些成果表現於財務上，組織的獲利率以及投資報酬率相較於過去將有所提升。

（二）知識表現

　　企業推行學習型組織之後，組織知識會大幅躍升，對於組織的知識管理將有極大助益。舉例而言，透過專家學者的輔導與建議，可以即時改善組織日常的運作；員工經由互相學習之後，由於知識與經驗迅速累積，不僅可以提高問題解決能力，也可以培養創新能力。凡此種種，都可以有效累積組織運作時所需的知識。

　　由上述理論說明可知，朗仲服飾在組織學習上，已經由個人層級拓展至團隊層級以及組織層級，並且能跟五常德互相呼應，以下是朗仲服飾在五常德之仁義禮智信之作為：

1.「仁」：關聖帝君五常德教義中，「仁」指的是追求法喜的身體健康，代表必須不斷內觀自我，進行自我超越，以達身心靈的總體健全。朗仲服飾章董事長在二十餘年間，不斷透過學習，自夜市起家，歷經單店經營、連鎖加盟，最後直至組成商圈聯盟，一次又一次實踐自我超越。

2.「義」：指的是創造通達的人際關係，表示必須持續探討自我意識，改變自我中心的狹隘，以達圓融的人我關係。朗仲服飾在發展過

程中,持續改善其心智模式,跳脫自我為中心的觀念,透過產品及服務差異化策略,不與形象商圈同業直接正面競爭,反而致力於推動彼此合作組成協會,以求共同改善商圈經營環境與經營體質,解決同業共同面臨的問題。

3. 「禮」:是經營和諧的圓滿家庭,意謂著必須視組織為大家庭,與組織同仁建構團隊學習體系,彼此相互學習、扶持。朗仲服飾為提升員工的工作動機、自信心以及成就感。因此透過定期員工訓練,以團隊學習方式,逐步培養員工的正向思維、工作態度、處事行為,使員工得以主動積極持續改善服務流程與品質。在關聖帝君的思想上,朗仲服飾視每位員工為大家庭裡的一份子,大家共同學習成長。

4. 「智」:指的是建立利益眾生的事業,亦即必須與組織成員建立共同願景,併肩奮鬥,以發展畢生志業。對內而言,朗仲服飾重新定位公司內部服務人員為顧客之造型設計師,不只是傳統單一功能的售貨員,而是專業人士,期許員工朝此願景持續前進、提昇自己。對外而言,朗仲服飾整合商圈同業成立協會,為形象商圈之復甦擘畫遠景、共同奮鬥;其次,召集 GSP 獲證業者成立 GSP 購物網,讓業者能夠共同跨入虛實整合之經營模式,成為電子商務之先鋒。

5. 「信」:指的是:實現精勤的人生理想,代表必須從人生終極理想的制高點進行系統性思考,以達圓滿人生。經過不斷的創新與演

化，在朗仲服飾的經營過程中，不斷轉變其中心思想，原本只是單純的謀生，其後逐漸將員工、顧客、同業廠商、異業結盟業者納入其經營模式重要構面，透過不斷的創新思維，將事業經營的哲學提升至各個構面的整合發展，從而達成一榮俱榮的共同體，此為以系統思考進行企業經營的最佳寫照。

二、 朗仲服飾對「仁」之具體措施為何？

朗仲服飾心存「善念、善行」，不僅不斷內觀自我，進行自我超越，以達身心靈的總體健全，更推己及人，重視顧客、重視員工、重視商圈之全方位發展，透過各種活動協助週遭相關眾人進行持續自我超越。

1. 重視顧客：朗仲服飾導入顧客關係管理觀念，提供顧客全方位的服務，讓顧客在選購服飾的過程中，感受到朗仲提供之整造型建議服務，讓顧客在潛移默化中逐步提升其個人之品味。此外，由於朗仲門市服務人員能夠提供專業建議，久而久之，顧客在交易過程中也能養成尊重服務人員之習慣，不再單純視其為售貨員而有頤指氣使的陋習。在長期的消費經驗中，顧客與朗仲以及服務人員之間的關係不再只是冰冷的交易關係，而是昇華成朋友關係，讓消費過程變成了愉悅的旅程。

2. 重視員工：朗仲服飾從員工的職涯規劃考量，以員工的職務需求出發，透過逐步引導，建立完整的員工教育訓練制度。首先，提供專業課程以培訓每位一線員工成為專業造型設計師，一方面可

以提升服務人員的專業性以加強顧客服務的深度，另方面可以增強員工自我的專業認同，培養員工具備自信心後更有動機不斷吸收新知以提升自我。

3. 重視商圈：朗仲服飾為能夠帶動區域人潮聚集現象，致力於推動形象商圈，結合商圈各業者，舉辦各種活動，吸引人潮。結合有心恢復商圈榮景的在地店家共同成立形象商圈發展協會，在政府補助經費協助改善環境設施與顧問輔導之後，舉辦各類型活動以活絡商圈並吸引人潮，並與協會核心成員以身作則參與並舉辦各種講座及培訓課程，以說服商圈店家改變傳統買賣業之經營思維，期望各店家能夠以永續經營理念持續投注資源，塑造優質的購物環境，以配合商圈整體形象。

三、 朗仲服飾創辦人如何進行自我超越？

由於組織是由人所組成的，若無人才，則組織無由運作。因此，《第五項修練：學習型組織的藝術與實務》一書作者彼得・聖吉表示：「只有透過個人學習，組織才能學習。雖然個人學習並不保證整個組織也在學習，但是沒有個人學習，組織學習無從開始。」當每個個人在學習型組織中進行第一項「自我超越」修練時，內心會逐漸產生改變，而這些變化許多都是潛移默化而生，一時之間難以察覺，而其中最重要的是：同理心與使命感。日本經營之聖京瓷創辦人稻盛和夫曾經說過：「不論是研究發展、公司管理，或企業的任何方面，活力的

來源是人。而每個人有自己的意願、心智和思考方式。如果員工本身未被充分激勵去挑戰成長目標，當然不會成就組織的成長、生產力的提升，和產業技術的發展。」他一向認為，若要充份開發員工的潛能，就必須重新瞭解人們的潛意識、意願以及服務世界的真誠渴望。在學習型組織中，第一項課題是自我超越，指的正是個人成長時必需的學習修練。具有高度自我超越動機與意願的人，才能夠不斷地驅動己身去開創自我真心所向的能力。這也正是學習型組織的精神所在：從組織中的個人開始培養持續學習的觀念與習慣，繼而促發後續組織成員之一系列學習活動，此一觀點與關聖帝君「仁」之理念互相呼應。關聖帝君「仁」之理念指的是追求法喜的身體健康，代表人們由於觀得法門奧妙而不勝喜悅，自然身心靈俱暢。然而，欲觀得法門奧妙並非唾手可得，而是必須不斷修行；而所謂的修行就必須持續內觀自我，逐步改善自己種種謬誤。此一改善精進的過程，就是在進行自我超越。最終，由於不斷自我超越，身心靈自然能達總體健全的境地。

正因如此，彼得・聖吉認為，人們若要自我超越，就必須把這件任務當成一個修練過程，這個過程是一系列經由不斷實際應用加以驗證的學習。此一修練過程共可分為五個步驟：建立個人願景、保持創造性張力、看清結構性衝突、誠實的面對真相、運用潛意識，總結以上朗仲服飾自我超越過程，將其與修練五步驟進行對應如表1。

表 1. 朗仲服飾之自我超越的修練五項步驟

步驟	方法	個案公司實際運用
一	建立個人願景	章董事長從擺夜市開始，就在思考如何擴大服飾經營的版圖。
二	保持創造性張力	擺夜市 - 開店面 - 加盟，章董事長持續保持自己事業的創造性張力
三	看清結構性衝突	在建立加盟的經驗中，加盟主與總店理念不一致，讓章董事長看出加盟體系中的結構性衝突，進而重新思考加盟意義與作法。
四	誠實的面對真相	在團結商圈過程中仍有少數店家採取觀望態度甚或依然故我，成為策略聯盟過程裡美中不足之處，章董事長選擇坦然面對而不強求，改用其他方式進行。
五	運用潛意識	透過思考與嘗試，章董事長創造出許多創新的經營方式。例如服裝租賃、整合同業建立 GSP 品牌標章等。

朗仲服飾創辦人章董事長最早的【自我願景建立】其實從他開始在夜市擺攤時期就開始，雖然在南投各地夜市場所銷售服裝，但章董事長時刻在思考，如何創造獨特的經營想法。章董事長對服飾的經營並非以自我為中心思考，而是以更廣闊的願景，希望同業甚至商圈各業者，都能跟著朗仲服飾一起成長茁壯，為商圈帶來人潮。因此，透過願景建立、同理心與使命感，讓章董事長帶領週遭相關人士一起達成自我超越，充份體現關聖帝君之「仁」的理念。

四、 朗仲服飾運用何種方法協助哪些人自我超越？

從章董事長建立自我願景開始，歷經夜市擺攤、成立店鋪到後來建立朗仲服飾企業後，更將自我願景拓展成為組織願景與更大的同業願景，以擘畫願景方式激勵同仁及同業不斷朝向更遠大的目標前進，從而實現自我超越。其中，組織願景為帶給顧客最獨特的消費體驗，

運用租賃服裝的創新服務，增加顧客對於朗仲的信任度；而同業願景為將同業共同整合導入 GSP 購物商店，彼此不是競爭，而是結盟關係，一起將在地服飾經營市場做大。

参考文獻

Frankl, Viktor Emil (1959), Man's Search for Meaning, Boston (Beacon Press)

New World Encyclopedia, https://www.newworldencyclopedia.org/entry/Yamaha_Corporation.

Yamaha Corporation, https://www.yamaha.com/ja/about/history/brand/.

Drucker, Peter F. (1985), Innovation and Entrepreneurship, Harper & Row.

Drucker, Peter F. (1992), Managing for the Future, Routledge.

Drucker, Peter F. (1995), Managing in a Time of Great Change, Routledge.

Drucker, Peter F. (1999), Management Challenges for the 21st Century, Routledge.

Drucker, Peter F. (1989), The New Realities: in Government and Politics, in Economics and Business, in Society and World View, Harper & Row.

Senge, P. M. B.（2019）。第五項修練：學習型組織的藝術與實務（郭進隆、齊若蘭譯）。天下文化。（原著出版於 2006 年）

第三章

以五常德之義
改善心智模式

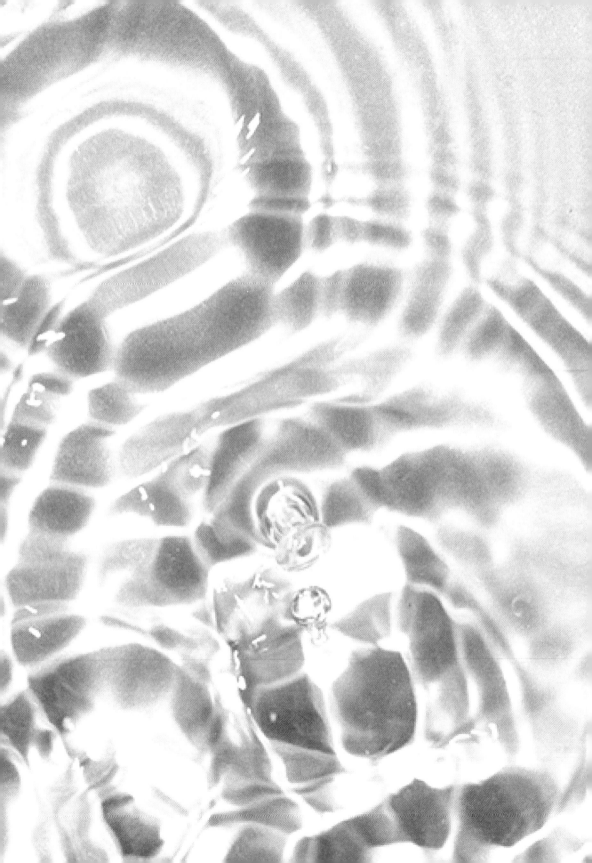

第三章 以五常德之義改善心智模式

　　人與人之間最根本的差異在於每個人都有獨特的心智模式，它會影響我們對各種事物及現象的認知，進而影響到我們的行動。也就說心智模式決定了我們看待及因應這個世界的方式，不同的人看待同一件事情會依據自己的心智模型進行選擇性地觀察，因而看到不同的重點，體驗到不同的感受，而有不同的詮釋。由於我們長期依照自己的心智模式思考與行動，無形中造成我們習慣性依賴某種特定的思考模式，從而重複同一種行為模式而難以改變。組織既是由人所組成，也會隨著組織的成長而落入憑藉過往成功經驗行事的窠臼之中，這種慣性思考陷阱往往會成為組織創新的絆腳石。以下我們將以 3M 公司的案例說明如何持續改善心智模式以維持百年企業。

　　3M 公司是由五位共同創辦人於 1902 年在美國明尼蘇達州雙港小鎮設立，公司名稱為明尼蘇達礦業和製造公司，最初的創設目的是要開採硬度僅次於金剛石的剛玉，以供下游工廠製造砂輪及砂紙。1904 年終於賣出一噸從水晶灣挖到的剛石，但卻發現挖到的不僅不是剛石，還是比石榴石質地更軟的斜長石，不適合作為砂輪原料，致使公司陷入困境；於是他們改弦易轍，決定自己生產砂輪與砂紙，1905 年獲得新投資人注資後，該公司遷廠至杜魯斯並改為外購研磨礦物以製造砂紙，不料卻因原料存貨過重而壓垮新建廠房，再度以失敗收場。然而，該公司並未氣餒，再接再厲，重建工廠，終於在 1906 年賣出第一張砂紙。1910 年搬到較繁華的聖保羅建廠，此後業務即快速擴張，不料

1911 年卻又因一張大單的品質不佳而遭到客戶退貨。3M 並未因此被擊倒，而是利用這次的失誤認識到品質管理與品質保證的重要性，從而建立起品質制度。1913 年 3M 終於迎來首度獲利，距離創立時間已經過了 11 個年頭。緊接著，1914 年 3M 推出該公司成立以來第一款獨家產品「Three-M-ite」研磨布，1916 年受惠於這個產品及第一次世界大戰帶來的商機遽增，3M 不僅獲利可觀且首次發放股息，並建立新的企業總部以及品質管理實驗室。

全球知名的 3M 公司以小額資本創業後，面對的並不是一片坦途，而是佈滿荊棘的崎嶇道路，花了 11 年的時間才真正獲利。面對一連串的嚴苛考驗，該公司沒有被擊倒，而是不斷地修正自己的心智模式去摸索市場、創新產品、建立品質管理制度，最終開花結果。

此後的 3M 即致力於產品創新，1921 年推出革命性產品—世界上第一款防水塗料砂紙 Wetordry，以大幅減少研磨時的摩擦及灰塵。由於該產品適用於汽車製造與維修業，1925 年 3M 實驗室工程師 Richard Drew 到汽車修理廠測試樣品時發現噴漆時無法完全避免噴到不該噴到的零部件，因而發明了遮蔽膠帶。因該產品一炮而紅，3M 為該產品設立商品品牌 Scotch，並由此開始重視其產品的多樣性。1930 年 Richard Drew 又看到了新的客戶需求：當時 Cellophane 玻璃紙用於包裝相當受到歡迎，但卻沒有適當產品可以用來進行密封；於是他在玻璃紙塗上佈 3M 粘合劑，因而開啟了 Scotch 透明紙膠帶的誕生，並成為廣泛用途的產品。

由於以上數類多樣化產品的成功，促使 3M 於 1937 年啟動大規模對創新的投資，更建立中央研究實驗室，致力於研究具有長期潛力的技術，以求為 3M 持續帶來新的突破。1937 年實驗室研發出商品名為 Scotchlite 的反光材料，次年即推出全球第一個反光交通標誌。1939 年為了讓裁切膠帶更輕鬆，3M 發明了現今常見的蝸牛狀手持式膠帶切割器。1940 年代二戰時的 3M 產品致力於開發國防科技材料，1946 年戰爭結束後 3M 就在紐約證券交易所上市。至此，3M 距離創業已經過了 34 年，總算是在嚴格定義下創業成功。

然而，3M 並未以此為滿足，1947 年推出的錄放音帶由當紅的影歌雙棲巨星平克勞斯貝（Bing Crosby Croons）錄製歌曲，從此徹底顛覆了娛樂產業。1948 年開發出禮品絲帶和手術鋪巾，讓 3M 的產品組合更加豐富。1950 年 3M 推出的 Thermo-Fax 熱感應複印機提升了影印效率，產品大為暢銷，而用於製作蝴蝶結的彩色 Sasheen 緞帶則開創了禮品包裝新市場。

為了打開國際市場，3M 於 1951 年成立了國際部門並在歐美多國成立公司。1954 年 RCA 首次運用 Scotch 磁帶錄製電視節目，使 3M 得以進軍好萊塢。1956 年推出 Scotchgard 織品保護劑打進紡織行業、1957 年雙面膠帶上市、1958 年推出 Scotch-Brite 清潔墊。此後，自 1960 年至今，3M 開發出許多全球首見的成功商業化產品，比較具跨產業代表性的包括：醫療產業的防過敏外科手術膠帶、文具產業的神奇隱形膠帶、運動產業的人工合成草坪、辦公設備產業的全彩印表機…等等。由於

3M 表現亮眼，1976 年該公司被納入道瓊工業平均指數成份股，直到今天它仍在 30 檔成份股中名列第十三（權重值為 3.53%）。

　　即使在某些專業領域早已成為業界龍頭，3M 公司並未自滿於現狀，而是持續改變自身對外在環境的認知，尋找發展契機，不斷在各個尚待開發領域進行產品創新，在各個領域成功進行多角化經營。

　　由前述說明可知，3M 公司創業之路極為坎坷，但每遇挫折都促使該公司不斷跳脫慣性思考模式，重新思索產品對市場及顧客的價值。更難得的是，當它日益壯大成為全球頂尖企業後，仍然不斷改善心智模式進行創新。時至今日，它的創新產品不斷推陳出新，在許多細微的角落影響著普羅大眾的生活。以下我們即以一家台灣中小企業建立以五常德文化為基礎的「改善心智模式」持續進行創新而茁壯的實施過程來說明其改善心智模式的方法。

第一節 義─雋祥個案概述

一、公司以 OEM 代工製造自行車起家，產品市場遍及全球

雋祥車業股份有限公司創立於 1989 年，位於台中市太平區，剛開始以國外自行車大廠「委託代工」的 OEM 為主要業務。創業伊始，在張董事長及其經營團隊即以追求卓越的核心經營理念及領導團隊對於自行車製造產業的熱愛，為客戶打造優質的自行車產品。也因此其製造能力廣受國外客戶的肯定，開啟了雋祥車業的發展之輪，現今已發展成為台灣前三大的自行車廠。

雋祥車業的組織架構在董事長的領導下，設有業務、研發、品技、烤漆、組立等部門單位，目前在台灣擁有 260 位員工，兩條生產線，年產能已達 30 萬台自行車以上。現在主要係與歐美知名品牌合作代工製造中高價位之各式自行車種產品，行銷歐洲、北美、澳洲、亞洲等40 個國家市場；由龐大的業務團隊提供以客為尊的服務。

雋祥也在中國大陸新北區龍虎塘鎮設立以生產自行車及自行車零配件為主的雋祥（常州）車業有限公司，是屬於台商獨資企業，大陸員工約有 2000 人，設有 5 條生產線，年產能 150 萬台自行車，所製造的產品全部銷往歐美、日本以及東南亞等地區。

2013 年，雋祥車業集團所屬台灣與中國大陸製造的自行車合併的銷售量約 142 萬台，台灣銷量約 20 萬台。集團合併營收高達新台幣 67億元，在中國大陸的常州廠年營收已達約 50 多億元，台灣廠則約 16

億元，合併營收的規模僅次於巨大與美利達兩家自行車大廠，在台灣位居第三大自行車製造廠。

即使在專業代工領域早已成為名列業界前茅，但雋祥車業並未自滿，而是一改安於現狀的心態，持續掃瞄環境變化，尋找可供企業繼續前進發展的切入點，不斷進行嘗試。

二、以發展自有品牌的高級自行車及電動助力車種為策略方向

雋祥車業的經營非常重視技術的研發，經過多年的努力，在接受國外大廠的自行車委託代工生產之外，也以自力研發的技術積極發展自有品牌 STRiDA 自行車，同時也與國外大廠合作開發各式品牌車種。目前除了積極研發市場新貴電動助力車外，其 STRiDA 自有品牌，則主攻外銷歐美市場都會時尚車款，每年銷量約 2 萬台。

雋祥公司組織成立迄今已數十餘年，因公司業務成長穩定，升遷、福利制度健全，員工流動率不高，大多數為資深員工，彼此相處融洽，且對公司頗具向心力，工作團隊的配合默契良好，組織士氣甚高，也因此每年的銷售業績皆能有所成長。公司的董事長是執行效率十分高的領導者，對於經營發展策略的選擇，堅持廣開言路，接納員工的不同意見建言，思考縝密，明確決策，同時也能面對策略失敗後的結果，不固執於封閉的價值系統。張董事長身為公司的主要經營者，對於公司未來的發展方向具有策略思維與逆向思考能力。且比其自行車產業內大多數競爭對手具有更為綿密的人際網路，也因此在決策過程中不

斷地透過和負責研發創新的技術人員、幹部員工、顧客、一般大眾彼此溝通和交流,激盪出創新的思維,甚至成為意見領袖,率領公司團隊開發符合市場需求的功能性商品化產品。例如,在公司的發展策略上,即界定以歐美大廠 OEM 代工製造為基礎,積極自力開發創新技術,以發展自創品牌成為台灣自行車大廠為策略發展目標。

雋祥車業的經營理念與使命就是「本著追求卓越理念及對自行車的熱愛做出對人類生活有幫助的優質自行車。」換言之,雋祥不斷追求組織創新活力,讓創新成為永續策略之一,帶給市場或社會生活變革,並為自行車使用者創造更大的利益。同時,雋祥車業願意做出需承擔風險的判斷,持續提供創新產品以滿足現有及潛在的顧客需求,進而提升公司整體競爭力與獲利。

雋祥車業的創立緣起於滿足顧客不論是便利生活、健身、休閒等的需求;期望帶動台灣自行車業在國際市場上佔有一席之地,而且處於舉足輕重的地位。因此雋祥車業的願景是做出對人類有幫助的優質自行車,透過公司的永續經營與實踐社會責任,讓台灣製造的自行車能夠繼續發揮對人類幸福貢獻的力量。

就公司層級策略而言,雋祥車業秉持為品牌大廠 OEM 所培養出來的嚴謹品質管理精神,跳脫傳統代工思維,積極朝向品牌製造商方向發展。

三、雋祥車業透過技術創新的成長與逐步實現轉型升級

　　雋祥車業剛開始創業時，由張董事長發起，由各股東集資創業資金，員工人數約 50 名左右，組織成員平均年齡約 30 歲，草創初期，創業維艱，資金並不充裕，市場從一家貿易商客戶開始，其代工的自行車產品僅唯一出口到美國市場。組織設計分成七大部門，由各個執行股東分別領導每個部門的運作。公司雖小，團隊士氣與效率甚高，靠大家群策群力，每個員工皆能在自己的崗位上一步一腳印戰戰兢兢努力工作，彼此溝通協調發揮團隊精神，配合領導者的經營方向逐步向前邁進。

　　由於適逢台灣經濟發展快速，公司策略發展方向正確，每年的營運皆能順利達成目標，經營績效逐年提高，客戶不斷增加，市場也由美國擴散到歐洲、日本、紐西蘭、澳洲，及其他許多國家。每年產能業績不斷快速成長。在眾多市場客戶的支持下，雋祥車業於 1996 年上登台灣第三大自行車的地位，在台灣出口商排行第 189 名。當時，公司自己廠內的產能也已不足以供應顧客龐大的訂單需求量，必須轉而透過國內其他自行車廠委外代工才能消化訂單的數量。

　　2006 年，雋祥車業購買預備讓售的 STRiDA 國際品牌大廠，從以往僅是單純自行車 OEM 代工者，轉型成為品牌經營者。台灣雋祥憑藉多年的研發技術能量，也順利接手成為原生英國的 STRiDA，名副其實的研發基地，建立自有品牌 (OBM，Own Branding & Manufacturing)，直接經營市場。

此外，為強化其自有品牌的產品線，也於 2014 年併購德國精品級學步車品牌 Rennrad，正式進軍歐洲學步車市場。

1996 年，雋祥車業開始轉移一部分較低價格的自行車產品至中國大陸的深圳工廠生產，以滿足不同等級的市場需求，且繼續開發更多的客源以滿足深圳工廠的產能，當時總共有 4 個廠區製造成品，後來由於中國大陸的經濟發展與產業政策變化，深圳工廠生產成本高漲且因廠房不敷使用，雋祥車業乃於 2000 年將中國大陸的生產基地遷移至常州選址設廠，投資 2500 萬美元成立雋祥（常州）車業有限公司和永達（常州）車輛配件有限公司，以生產高檔自行車產品為主。2001 年 7 月 10 日，雋祥（常州）車業有限公司建廠完成，正式投入生產營運。2002 年 8 月追加投資 300 萬美元。至 2002 年底，公司已具備年產 150 萬台高檔自行車的能力。建造現有 1 廠、2 廠，廠房面積占地為 222 畝，建築面積 9 萬平方米，現有鐵車架焊接線、鋁車架焊接線，並擁有 5 條烤漆線、5 條組裝線，兩廠合計年產能量 150 萬台。

2009 年至 2011 年，雋祥（常州）車業有限公司連續三年躋身「中國自行車製造行業銷售收入十強。2011 年，雋祥車業成立研發中心，以其創新的研發技術為基礎，實施自由創新、自主知識產權、自主品牌三大轉型升級，使企業從代工模式轉變為設計模式 ODM(簡稱設計加工，Own Designing & Manufacturing)，不僅生產還包含設計，僅僅三年時間，公司即以其創新研發技術能力獲得 32 項實用新型專利。2014 年，雋祥車業決定增加 3600 萬美元，設立常州 3 廠，初期廠房佔地面

積120畝，建設項目包括多條鋁車架焊接線、多條烤漆線、多條組裝線，年產量達100萬台高級自行車。常州3廠的設立目標即是引進當時最先進的設備，提升產品品質，針對每台造價200美元以上的國際品牌大廠代工訂單，生產高科技的精美產品；並與原來的常州1、2廠生產產品作差異化的產品區隔，提供最有競爭力的價格、最好的品質，以滿足歐美高級自行車市場客戶的要求。

台灣曾經是自行車產品全世界出口量最大的國家，享有「自行車王國」的美譽。然而，受到國際經濟環境變化的衝擊，1988年開始台灣的自行車產業逐漸外移至中國大陸、越南、泰國等地設廠製造，以尋找新的利基。大部分台商的主要佈局策略是在中國生產中低價位車種，台灣接單，大陸廠出貨。中國大陸因採經濟改革開放的獎勵外資政策，自行車產業生產大量擴充，造成其人力不足，生產工資成本上揚，台商在中國因而失去壓低成本的代工策略優勢，於是再把生產線遷移到越南、緬甸等較低工資國家，形成產業四處遷徙的尷尬現象。此外，從1990年代開始，具備研發技術能力的自行車業者未雨綢繆，積極尋求轉型，致力投資於創新研發技術的提升，自創品牌發展高附加價值產品並和中國的生產廠做差異化的區隔。

近年來，因為許多自行車業者的製造能力提升愈來愈普及，腳踏車包含許多元件系統，輪框、輪胎、座椅、材質…等元件的製造技術不斷地進步，使得雋祥車業必須與時俱進才能確保競爭力優勢。然而，企業在進行與其同業競爭者聯盟合作時，經常有可能失去專屬技術所

有權的顧慮；尤其在與同業合作夥伴有較密切的互動時，多擔心可能會使企業的專利技術受到潛在競爭者的窺探。儘管如此，雋祥車業還是與其他自行車同業廠商保持相當程度的合作關係，且在初期時雋祥車業確實也有所獲益。實際上，台灣自行車的演化史，其實正是雋祥車業發展進化改變的縮影。

在品牌策略方面，雋祥車業並不執著於自創品牌，而是掌握市場脈動，透過購併品牌大廠策略，晉身品牌製造廠行列。

四、以 STRiDA 品牌摺疊自行車為主力產品開拓歐盟市場

依據台灣區車輛工業同業公會的數據顯示，2004 年外銷 4,967,822 台、外銷金額 260 億元 (台幣)、外銷單價 5234(台幣)，2008 年外銷 5,889,669 台、外銷金額 463 億元 (台幣)、外銷單價 7861(台幣)，2011 年外銷 4,727,005 台、外銷金額 515 億元 (台幣)、外銷單價 10895(台幣)，2012 年外銷 4,647,884 台、外銷金額 562 億元 (台幣)、外銷單價 12,092 (台幣)，2013 年外銷 3,927,627 台、外銷金額 503 億元 (台幣)、外銷單價 12,815 (台幣)。從以上的銷售數據分析可知，我國外銷接單銷售金額逐年增加，而銷售台數逐年降低，外銷單價相形之下更是逐步增長，以台灣區自行車輸出業同業公會整理 2012 年的地區自行車成車銷售分析，自行車出口的第一大市場為歐盟 2518697 台、總金額為美金 8.27(億)、單價金額為美金 328 元，佔總外銷 45.76%，北美自由貿易區（美國、加拿大、墨西哥）為我國自行車外銷最二大市場，

共 788917 台、總金額為美金 4.66(億)、單價金額為美金 590.94 元，總外銷 25.8%。除此之外，2012 年「摺疊自行車」產品市場銷售共有七萬多台，2013 年則是四萬八千多台，到 2014 年 1-8 月份總銷售近兩萬八千多台，其銷售總額逐年下降，電動車則呈現逐年大幅負成長的趨勢。由以上的數據可歸納以下幾個重要方向：

1. 在全球市場中，仍以歐盟為我自行車整車市場的主要出口地區。

2. 自行車市場在摺疊車、整車及電動車市場中仍以整車產品為我國生產製造大宗市場。

3. 亞州市場由以日本為主要出口國，到目前中國的市場快速成長，成為主要出口市場，且超越日本市場的銷售。

　　在歐洲，騎自行車的人口趨勢正在快速攀升，主要是當地消費者在大都會中的生活與行動方式，逐漸捨棄汽車、公車，反而多以自行車代步，只求讓行動更加靈活順暢。加上歐洲商品在政策上，強制品質保障制度，一般民眾多以腳踏車作為交通工具，基本上品質安全要求非常高，造成腳踏車價格不菲。在大型的城市，使用腳踏車往返市郊住宅到市鎮中心的交通方式，實際上成為比私家車和公共運輸更加快捷的方式。在歐盟市場，節能減碳、發展潔淨能源、綠色產業的產品成為當前的主流趨勢，為開拓綠能產業發展創造新的領域，摺疊自行車市場也因此開始孕育與逐漸茁壯。

　　以產品的差異化而言，雋祥車業 STRiDA 品牌摺疊自行車輕巧靈

活，攜帶方便，最重要的特點是用「皮帶」來傳動，可省略傳動系統
的保養工作。產品有別於傳統摺疊車，且有專利保護，不會有競爭者
出現，市場銷售較具競爭優勢。並透過消費市場調查與供應商回饋資
訊確認 STRiDA 的市場機會。

在概念發展方面，STRiDA 是英國人 Mark Sanders 以設計摺疊腳踏
車作為其創造的畢業作品之一。1986 年，一家英國製造商決定生產此
款類型的摺疊腳踏車。1988 年，STRiDA 品牌贏得英國自行車的三大獎
項，包括最佳新產品獎，最佳革新獎，以及英國最佳設計獎。

1997~2011 年 STRiDA 品牌經過第二代、第三代及不斷改良創新，
直到 2002 年，雋祥車業將此製造技術轉移到台灣並取得經銷權，此後
繼承其優良的傳統，也不斷地改良及再創新。

2012 年，雋祥車業全新開發的 STRiDA EVO 三段變速自行車，並
正式量產，其創新的特色是，騎乘者可以輕鬆地克服各種路況，享受
騎乘的愉悅。

STRiDA EVO 產品在自行車概念結構上做革命性改變，設計金三
角前後單臂是獨一無二的特色，攜帶方便，可省略傳動系統的保養工
作。雋祥車業與國內下游零件廠商聯盟合作，積極推動「增值不增量」
經營策略，切入新的藍海市場，型塑便捷又有品味的生活方式，並與
專業的自行車變速器大廠日馳、及中華汽車旗下綠捷公司，進行技術
合作研發創新功能，使消費者能更簡單的操控其變速摺疊自行車產品，
在形象上更強調是「台灣製造」優質產品，以主攻歐美、日本及東南

亞外銷市場。

　　雋祥車業也致力於在產品設計、生產製造、組裝人員配置與時程方面的流程改善，使生產過程更具效率，大幅降低產品的不良率。

　　例如，在產品設計部分，STRiDA 的設計創新，所有車架主結構，可以在幾秒鐘內不用任何工具收摺展開，採用獨特的皮帶傳動技術，去除傳統腳踏車容易掉鍊與油膩的問題。組裝人員及時程方面，雋祥車業設立了 STRiDA 製造的手工組裝專區，並配置 13 人專門負責該專區的作業流程，嚴格對每一台精心製作產品的品質控管。以 1 到 2 年的時間從研發到量產進行整體生產調整，務求高品質與零缺陷的產出。在積極努力下，STRiDA EVO 的內變速系統已取得全世界專利，並獲得「2013 台灣精品獎」及 2013 台北國際自行車展「創新獎」的肯定，且得以入圍金銀質獎，產品的生產製造細節與成品展現出來的品質與設計皆能呈現與眾不同的特色，不僅提升了 STRiDA EVO 的品牌形象，也展現此品牌不只是自行車典範，更是行動的藝術品。

　　雋祥車業的 STRiDA 摺疊自行車，是透過外部人員的創新，公司取得技術移轉及經銷權，再結合本身優勢，加以改良創新。整台自行車的產品元件功能上，所擁有的專利權超過 7 項，產品特色與品質足以創造產品的特殊價值，且品質與功能深具特色，能吸引高檔的消費者購買。

　　在品牌產品發展策略方面，雋祥車業並未依循傳統自行車廠的競

爭策略，而是採取差異化策略，專注於利基市場—摺疊自行車的開發，透過高品質與功能性產品打入高端市場。

五、雋祥車業創新變革對組織經營發展的啟示

雋祥公司能深入剖析顧客觀點和社會脈動，瞭解近年來市場消費者普遍對健康和環保需求的趨勢，極力在產品的設計與技術研發上回應此潮流，為公司創造增加銷售量的契機。

Kim and Mauborgne (1999) 認為，如果企業能給予消費者一種「我不同凡俗，講究精緻生活」，勇於挑戰產品的功能和感情定位，在激烈競爭的自行車業中，不僅能持續佔有原來的市場，還能有更大的機會吸引全新的顧客，發掘新市場的空間。STRiDA 自行車的推出，正符合其觀點，因為產品形象與品質功能，具備休閒、感性、便捷實用的時尚象徵，更為消費者創造了便捷，且有品味的生活方式。

STRiDA 摺疊車的售價，基本款約在新台幣兩萬元左右，剛推出時，公司決策高層曾擔心其價格成本過高會影響銷售成績。事實證明，只要產品品質優良，功能實用，符合潮流趨勢，能為消費者帶來愉悅的享受，即使產品價格高，仍能為先進國家的市場所接受。

以歐洲國家為例，根據經濟部國貿局 2014 年的統計發現，德國的自行車高達 7,000 萬台，而汽車僅有 4,400 萬輛，荷蘭 1,600 萬人，自行車亦有 1,800 萬台，歐洲的自行車業卻未獲利，因為僅有少數自行車是在歐洲生產製造。此情況已有所改變，有些具有獨特特色產品的公

司憑藉精巧的發明及高科技，在自行車市場仍然具有利基，過去德國自行車工業不被重視，然而時勢推移，現在反而成為奢華品代表。瑞士其國內一台自行車的平均售價超過 1,000 元美金，而德國有些造價甚至可達 10,000 歐元，仍阻擋不了客戶的購買熱情。因此，STRiDA 品牌自行車在價格上，與歐洲廠商生產的自行車相比，不僅具有價格競爭優勢，在整個生產作業管流程的設計和技巧也非常成熟，超越一般車廠的組裝妥善率和出貨速度。

隨著大環境的變遷，雋祥車業堅持進入高價自行車領域，以求擺脫低利潤的代工模式，創造更高利潤的收益成長，其目的即在實現企業的永續經營。雖然雋祥車業對創新研發起步稍晚，然而，在一連串的行動中驗證了堅持創新才有公司發展的未來，也為企業注入了創意與創造力的活水，得以建立其自行車品牌的競爭優勢。

如何有系統地過濾新構想，篩選最好的構想形成創新產品泉源，並且運用工具將產品商品化，順利行銷市場，此必須有決策者正確的策略企圖心，與對於未來發展願景的堅持，透過公司團隊的群策群力，同心協作，方能達成這突破性的創新。實際上，有創造力與創新的過程，正如所有的問題解決活動一樣，複雜、而且反覆不斷的努力方能達成目的。蘭登摩里斯闡述：「有時候創新根本就是在兜圈子，在尋找偉大構想的過程中來來回回，在評價舊的想法時激發新的構想，規劃創新路徑，刺激更新更多的原始創意」(2009，持久創新)。

雋祥車業的組織規模不大，屬於中等規模，在良好的制度與有凝

聚力的員工氛圍環境中，組織上下溝通具有彈性，又因為資源有限，經營決策者具有正確的策略思維，能謹慎地依據內部資源與能力選擇可創新的項目，公司全力動員投入，因此得以增加成功機會。雋祥公司員工能具有對於公司未來發展的願景共識與使命感，進而產生凝聚力，因此創新得以具體實踐，獲得成功。在創新的過程中，需要付出相當大的資源和人力，領導者具有領袖魅力，高階主管對「改變」的態度是能成為創新守護者的重要基礎，組織才能排除所有決策過程中的障礙，有效掃除各種限制組織發展的阻力。

創新的成敗，往往取決於組織裡每個成員對變革的接受程度。具體而言，在接受激進式創新時需要的專業知識愈高，所遭遇的抗拒可能就愈大，然而，雋祥 STRiDA 摺疊自行車並沒有太深奧的專業需求，接受度相對較高。

雋祥車業創新涵蓋層面相當廣泛，包括 (1) 產品、(2) 服務、(3) 技術、(4) 經營模式創新。在競爭地位部分，雋祥摺疊車市場的順序在國內屬不僅是第一也是唯一，其技術水準也不亞於國外自行車製造商。在組織成長方向，雋祥車業希望能整合協力廠商合作經營與統籌各領域之決策。

此外，至於企業創新的成長速度，雋祥車業對於投入經費研發，以及技術組合 (技術選擇) 的決策，例如：電子馬達技術取得方式之決定，應該自行研發、合作研發或外部引進才是最好的方式？在研發成功後是否該公開或秘密保護？是否將創新後的技術交易或授權出

去，都必須要有合理、準確且具效率的策略，才能永保企業的獲利與成長。

　　雋祥車業選擇適合的創新策略，應該考量外部與內部因素，彈性調整以下策略：(1) 技術能力 - 創新的數量，跟企業內部的能力，或跟創新網絡的連結能力高度相關。如果雋祥車業沿用一般自行車業慣用的行銷方式，及採行漸進式創新策略去進行市場競爭，或突然採行半激進式科技創新策略，即可能會使企業經歷較為困難的變革抗拒期間，增加變革的阻力。(2) 資金需求 - 雋祥車業是在資金不充裕的條件下，創新團隊在正式擴張規模之前，所作的決策，因此，其更謹慎的規劃與測試。由此可知，擁有經濟資源是必要條件，但資金充裕不一定能輕易成功，而資金過少也可能阻礙公司大膽決策前進的動力勇氣。(3) 企業網絡連結的能力 - 在開發新技術或商業模式時，往往需要與擁有互補性資源的組織合作，因此雋祥車業能在組織內外部網絡獲得相關的能力是其能成功的重要關鍵，包括新技術的獲得，例如車胎、車體結構的演化，就有許多材質科技的創新，這些也是借重於互補資源的合作而取得。(4) 競爭強度 - 企業本身的創新以及競爭對手創新的品質與速度，是決定未來市場的樣貌的基礎。在動態競爭環境下，即使企業在市場上佔有優勢地位，競爭對手仍有可能發展更好的競爭優勢超越，或是有新的競爭者加入戰局。

　　在總體經營策略方面，雋祥車業採取多層面的創新策略，包括產品創新、服務創新、技術創新、經營模式創新。

第二節 義—雋祥個案重點作為

一、創立於 1989 年，以自行車 OEM「委託代工」起家。在董事長及所有經營團隊，對於願景有共識的齊心努力下，成為現今台灣前三大的自行車廠。

二、發起成立公司時，組織成員平均年齡約 30 歲，有七大部門，各個執行股東分別領導每個部門的運作，草創初期員工人數約 50 名上下，從一家貿易商客戶開始，唯一出口到美國市場起步，萬事起頭難、創業維艱，每個員工在自己的崗位上一步一腳印戰戰兢兢的努力工作，並且彼此溝通協調發揮團隊精神，配合領導者的經營方向逐步向前邁進。

三、除單車委託代工的 OEM 生產之外，也積極發展自有品牌與合作開發之國際品牌 ODM 車種，目前除了積極研發市場新貴電動助力車外，所擁有 STRiDA 自有品牌與技術，主攻都會時尚車款，銷售業績成長。

四、公司組織大多數為資深員工，彼此工作的配合有默契，相處融洽，且對公司頗具向心力，組織溝通順暢。公司經營者是執行效率高的領導者，能廣開言路，察納雅言，審慎決策，可以面對策略失敗後的結果。

五、2006 年，台灣雋祥購併預備讓售的 STRiDA 歐洲國際大廠品牌，從單純代工者，轉成品牌經營者，台灣雋祥也成為原生英國

的 STRiDA，名副其實的研發基地。建立自有品牌 (OBM，Own Branding & Manufacturing)，直接經營市場。另 2014 年併購德國精品級學步車品牌 Rennrad，正式進軍歐洲學步車市場。

六、2011 年，雋祥車業成立研發中心，實施自由創新、自主知識產權、自主品牌三大轉型升級，使企業從代工模式轉變為設計模式 ODM(簡稱設計加工，Own Designing & Manufacturing)，除了生產還包含設計。

七、公司由於策略規劃、經營理念和管理方向正確，產能不斷地擴充，出口市場原本以美國為主，擴散到歐洲、日本、紐西蘭、澳洲以及其他許多國家，成為台灣第三大自行車企業，在出口商排名第一百八十九名。

第三節 義—儁祥之改善心智模式

依據前述儁祥車業之個案描述及重點作為，可知儁祥車業在拓展與創新上不斷突破，並致力於心智模式改善，其路徑歸納如圖 5 所示。

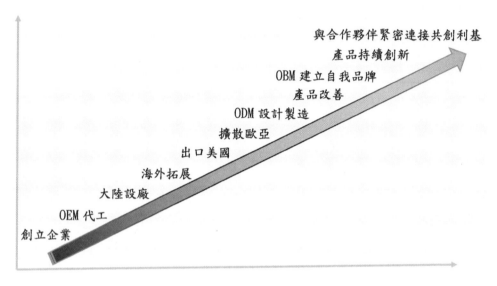

圖 5. 儁祥致之心智模式改善

第四節 義—儁祥個案問題討論

一、 儁祥車業在五常德之仁義禮智信各有何作為？

ANS:

五常德為以仁義禮智信為道德準則的五常之道，是做人生活的基本道理，而在企業經營上亦能適用。

仁者：育萬物而底於成

義者：宜萬物而適乎中

禮者：齊萬物而止於定

智者：辨萬物而得其所

信者：任萬物而致其用

關聖帝君告訴眾生：

仁：追求法喜的身體健康，代表必須不斷內觀自我，進行自我超越，以達身心靈的總體健全。

義：創造通達的人際關係，表示必須持續探討自我意識，改變自我中心的狹隘，以達圓融的人我關係。

禮：經營和諧的圓滿家庭，意謂著必須視組織為大家庭，與組織同仁建立同願景，併肩奮鬥。

智：建立利益眾生的事業，亦即必須以共同願景為準則，與組織成員彼此相互學習、扶持，以發展畢生志業。

信：實現精勤的人生理想，代表必須從人生終極理想的制高點進行系統性思考，以達圓滿人生。

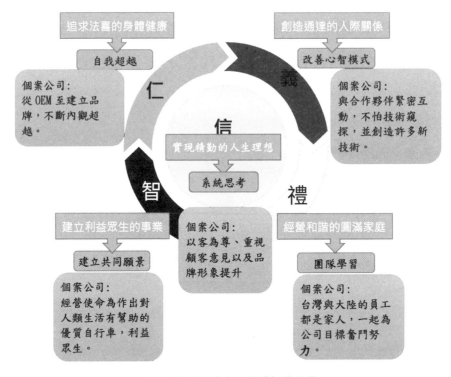

追求法喜的身體健康

自我超越

個案公司：
從 OEM 至建立品牌，不斷內觀超越。

創造通達的人際關係

改善心智模式

個案公司：
與合作夥伴緊密互動，不怕技術窺探，並創造許多新技術。

仁

義

信

實現精勤的人生理想

系統思考

智

禮

建立利益眾生的事業

建立共同願景

個案公司：
經營使命為作出對人類生活有幫助的優質自行車，利益眾生。

個案公司：
以客為尊、重視顧客意見以及品牌形象提升

經營和諧的圓滿家庭

團隊學習

個案公司：
台灣與大陸的員工都是家人，一起為公司目標奮鬥努力。

圖 6. 雋祥車業之仁義禮智信作為

　　而以下是雋祥車業在五常德之仁義禮智信之作為：

1. 「仁」：雋祥車業在經營的道路上，從 OEM 委託代工起家、到海外拓展、發展自有品牌等歷程，雋祥車業不斷內觀、自我超越。

2. 「義」：雋祥車業在與合作夥伴的合作關係緊密互動，其在人際關係方面通達圓融，不害怕技術被窺探，並創造出新的專利與技術。

3. 「禮」：雋祥車業在台灣有 260 位左右員工，大陸員工 2000 多人，每位員工都是雋祥的家庭成員，共同以雋祥的經營目標共同奮鬥。

4. 「智」：雋祥車業的經營使命為作出對人類生活有幫助的優質自行車，

進而精進產品的研發與創新，此理念與關聖帝君的「智」建立利益眾生的事業相同。

5. 「信」：雋祥車業以客為尊的經營之道，且重視顧客的意見以及品牌形象提升，因此也吸引許多外部合作夥伴、顧客、供應商等與雋祥合作，從員工到上下游廠商，認同雋祥車業，讓雋祥的理想得以實踐。

二、 雋祥車業對「義」之具體措施為何？

雋祥車業在與合作夥伴的合作關係緊密互動，其在人際關係方面通達圓融，不害怕技術被窺探，並創造出新的專利與技術。從歐洲、美國到亞洲，自行車開始受到消費者青睞，在城市、登山、通勤車款都可以看到相對應的車款，雋祥從納入 STRiDA 品牌後，依此也加速創新的角度，從材料、結構調整中下手改良。且與國內下游零件廠商合作，透過推動增值不增量的經營策略，來切入藍海市場。另外更與變速器大廠、中華汽車集團等緊密合作，技術合作研發變速摺疊自行車，以台灣製造的優質產品拓展各國市場。

雋祥車業從一開始的代工 (OEM) 起家，到成立自我研發中心，使企業從代工模式轉變為設計模式 ODM，不僅生產還包含設計，再到最後併購並發展自我品牌，這些歷程代表著雋祥車業的心智模式持續在改善，而不光是改善自我心智模式，要知道讓客戶能夠長久外包製造、設計給一家企業，代表著雋祥車業與上下游客戶以及品牌客戶緊密且

有善的信任關係，這就是關聖帝君所說之「義」，創造通達的人際關係。對於公司客戶、供應商與產品面向持續自我探討，理解市場需求並做出改變，以達成企業圓融的人我關係。

三、 雋祥車業之經營策略如何改善心智模式？

彼得‧聖吉指出，改善心智模式的過程，從本質上是把鏡子轉向自己，試著看清楚自己的思考與行為如何形成，並嘗試以「新眼睛」獲得新的訊息、以新的方式對其進行解讀、思考和決策。這從本質上看是一個自省、學習、創新和變革的過程。

表 2. 雋祥車業改善心智模式之經營策略步驟

步驟	方法	個案公司實際運用
一	覺察 - 開放的頭腦	雖然以 OEM 代工自行車起家，但個案公司持續內省，並尋求其他發展之可行性。
二	檢驗 - 開放的心靈	市場的競爭與對歐洲各國對自行車需求的提升，讓個案公司思考如何創造更好的產品。
三	改善 - 開放的心靈	自行車不再只是一般傳統交通工具，已經逐漸取代車子成為代步主流，產品必須升級或創新。這也讓個案公司開始品牌經營之路。
四	植入 - 開放的意志	透過品牌的導入、產品的創新研發與改善，並一同與客戶、供應商建立良好的互動，作出新的產品與技術，與員工、上下游一起為理想實踐。

四、雋祥車業運用何種方法協助哪些人改善心智模式？

長久以來，心智模式的問題並非對或錯，而在於不瞭解心智模式是一種簡化的假設，以及常隱藏在人們心中不易被察覺與檢視。當檢視到自己的心智模式，這個模式就會改變。

雋祥車業運用的方法就是先培育創新的能力，創新的能力同時也提升其員工的心智能力。透過員工與組織的創新改變，就能尋求出獲利的途徑。而雋祥車業的管理階層，不以短期獲利為目標，一直以來都是以「作出對人類生活有幫助的優質自行車」為使命，依此也能持續探究市場的需求，才能持續創新。而自我創新之外，周邊的供應商也需要一同創新成長，才能創造最好的市場利基。

參考文獻

3M Company. 2002. A Century of Innovation: The 3M Story.

3M, Timeline of 3M History, https://www.3m.com/3M/en_US/company-us/about-3m/history/timeline/.

Kim, W. C. and R. Mauborgne. 1999. Creating new market space: A systematic approach to value innovation can help companies break free from the competitive pack. Harvard Business Review (January-February), pp. 83-93.

第四章

以五常德之禮
進行團隊學習

第四章 以五常德之禮進行團隊學習

　　現代組織由於分層負責、專業分工明確，導致組織成員只熟悉自身業務，對於組織內部各部門業務不甚瞭解；再加上績效考核制度設計，使得組織成員往往專注於日常業務，無暇思索產業環境變化對自身組織的影響，更遑論能從宏觀角度思索企業整體發展。然而，面對急速變化的產業環境，組織必須不斷思索如何因應變局，需要組織成員不斷精進個人技能以推動組織進步。學習型組織的目的就是讓組織成員透過團隊學習讓每個人都能提出想法，交流意見，藉以形成企業創新發展動能。本章以日本新潟清酒產業為例，說明團隊學習的重要性如下：

　　清酒堪稱日本的國酒，具有悠久歷史與國際知名度；在日本全國各地清酒產地中，產量居冠的兵庫縣佔總產量約 25%，第二名的京都約 15%，第三名的新潟縣約 10%，三者合計佔總產量一半左右。新潟清酒產量長期以來均位居第三位的原因在於該縣擁有全日本單一都道府縣中最多的清酒業者（95 家），這就意味著業者規模普遍都不大，因此不管在產量或名氣上一直無法超越兵庫與京都。新潟清酒業者亟希突破此一困境，遂於 1954 年成立新潟縣酒造組合（Niigata Sake Brewers Association，即中文之新潟縣清酒釀造協會），力求以團隊合作方式，提升該地區清酒之知名度。

　　由於新潟的清酒業者大多為祖傳的家族事業，規模相當小，除了

引以為傲的獨家釀造技術之外，相當缺乏管理制度、創新研發、或是產品行銷。有鑑於此，新潟縣酒造組合即由技術研發及行銷二大面向著手，為組合會員規劃一系列團隊學習活動。

新潟縣雖然擁有最多的清酒業者，但因業者多為祖傳中小企業，面對變化激烈的競爭環境無法單以自身之力進行創新。為因應變局，業者組成協會，透過團隊共同學習，以提升全體會員業者之研發、行銷能力。

為了讓年輕的技師能夠傳承杜氏的技術，新潟縣酒造組合與新潟縣釀造試驗場（成立於 1930 年，當時是日本全國唯一一所以清酒為研究對象的公立研究機構）合作，於 1984 年共同創立了新潟縣清酒學校，以實現新潟獨特的釀酒技術的傳承，並為迎接新時代的競爭，研發創新的口味。該學校每年招收 20 位學員，每位學員需接受 3 年培訓，每年學習時數為 100 小時，受訓期間需接受 8 個部門 46 個項目的專業訓練，截至 2021 年 6 月為止，已有 545 位學員畢業。課程內容包括基礎科學釀造學知識、清酒知識、清酒釀造知識及技術、製酒相關法規、產業概況、管理基礎知識等等。

由於高品質清酒極度依賴釀酒技師的純熟工藝，為求技藝傳承不致中斷，協會不斷擴大團隊學習圈，進一步與新潟縣釀造試驗場共同創立清酒學校以培養新生代。

　　然而，隨著消費市場的改變，日本清酒市場日益萎縮。1998 年整體出貨量為 113 萬公秉，僅僅經過十年的時間，2008 年就已大幅下降將近二分之一，僅剩下 66 萬公秉，2015 年又下探至 55 萬公秉，直到 2019 年已經下降到 42 萬公秉，約當巔峰時期的三分之一。

　　受到德國十月節（German Oktoberfest，即始於 1887 年的慕尼黑啤酒節）的啟發，新潟縣酒造組合於該協會成立 50 週年的 2004 年開始，於每年 3 月的第二個週末舉辦一場為期二天的「新潟酒之陣」的盛典，向社會大眾及外國遊客宣傳新潟清酒及當地的文化與美食。歷經十餘年來不遺餘力地經營，二天的活動往往吸引數萬國內外遊客前來品嚐 90 餘家釀酒廠推出的各具風味的 500 多個品牌的清酒。由於該活動越來越受歡迎，現在每年已有超過 120,000 名遊客參與。

　　為了因應這股外銷風潮，新潟縣酒造組合推出了形象廣告，將製造新潟清酒的特點一一列出，分別為：氣候條件、越光米、含礦物質極少的融雪軟水、釀造技術超群的「越後杜氏」釀酒師，並以多種語言向全球各地廣為傳播。

　　雖然新潟清酒協會透過團隊學習協助業者提升技術與產品，也解決工藝傳承問題，但仍然抵擋不住消費市場劇烈的的變化。該協會向外國取經，以眾志成城之志舉辦清酒開酒儀式，同時推出形象廣告，成功拓展海外市場。

　　由於新潟業者的團隊學習成效極為卓著，兵庫、京都、東京都、

高知、甚至是全日本酒造組合亦紛紛效法，整合全國從北海道至沖繩共約 1,800 家中小型業者進行團隊學習合作，一起進軍海外。日本酒造組合中央會（Japan Sake and Shochu Makers Association）的統計數據顯示，自 2011 年到 2021 年的 11 年之間，日本出口清酒的金額從 87 億日元成長至 410 億日元，成長率達 4.68 倍，出口前三名為中國、美國、香港，金額及成長率分別為 103 億（48.5 倍）、96 億（3 倍）、93 億（6 倍）。雖然 Covid-19 疫情自 2020 年起即對全球經濟造成巨大影響，但 2019 至 2020 之間，除 2020 年對美國出口金額較 2019 年下跌 30% 外，2021 年出口至中國、美國及香港的總金額竟然比疫情發生前的 2019 年分別成長了 205%、142%、236%，並使得中國躍升成日本清酒的第一大進口國。

新潟清酒協會藉由團隊學習成功開拓藍海市場後，吸引了日本全國各地中小型清酒業者加入，擴大了學習團隊的規模，從而使得日本全國清酒產業在十餘年間開拓出龐大的海外市場。

由上述案例可知，建立「團隊學習」的益處包括：讓組織成員具備宏觀視野且能思索產業變遷、協助企業發展策略的擬定、依據發展策略精進企業的產品與技術。以下我們即以一家中小企業建立以五常德文化為基礎的「團隊學習」以發展企業創新策略而成長獲利的實際個案來說明其建構步驟與成效。

第一節 禮－晴海個案概述

晴海汽車旅館創辦人王瑞琛董事長早年從事製造業，後來因緣際會跨入建築業，經營事業有成後，為陪伴赴國外留學之子女，因此將事業經營權轉讓後，長期旅居海外。其後，因子女學成後紛紛就業自立，王董事長興起再度創業念頭，於是回到家鄉重啟建築事業。雖然屬於重操舊業，但隨著時空背景變遷，十餘年間台灣房屋市場已經不同於以往。因此王董事長改弦易轍，不再採取以往與地主合建方式推案，也不再透過代銷公司銷售，而是採取自有資金購地後自建自售方式經營。其經營理念是將所有成本投入營建，確保建築及銷售服務品質，以實現其永續經營的理念，進而將此理念傳達予購屋顧客。由於王董事長之建設公司並非大型事業，受限於購地自建的經營理念，所以堅持每年僅推出一案，一方面維持金流穩定，一方面堅守品質。由於策略正確，雖然期間歷經 2001 年 921 地震及 2003 年 SARS 疫情無情的打擊，其建築事長仍然每年維持穩定獲利。其後，有鑑於國人休閒旅遊風氣大盛，但休閒類型旅館極度欠缺，而王董事長旅外多年，對該類旅館頗多瞭解，因此乃將營運領域由單純興建透天住宅的營建業延伸至休閒旅舘興建與營運。為此，王董事長於 2007 年回到故鄉獨資創立晴海汽車旅館，成為該公司新創事業，員工人數約有 20 人。

王董事長一開始在構思自建自營休閒旅舘時，就已經感覺到原先的營建業經營思維可能不足以支撐自己跨足至全然不同產業，故而運用公餘之暇進修企業管理碩士。因此，當開始規劃晴海汽車旅館時，

王董事長立即運用其所學習到的競爭策略於新創事業中。由於其時，全台各地已有相當多汽車旅館，於是王董事長到處體驗各地風格、價格、定位不同的汽車旅館，最後決定採取差異化策略以便與同業進行區隔，將晴海定位成同時具備浪漫、時尚、奢華三種特質於一身的汽車旅館。因為汽車旅館經營模式剛引進台灣時，三不五時就會因不良事件躍上新聞，導致許多人對汽車旅館印象不佳。以致於王董事長不斷掙扎於究竟該以休閒旅館或汽車旅館為名，但遍訪各類型汽車旅館後，發現由於某些業者的努力經營使得國人對汽車旅館的印象逐漸改觀；所以，後來仍然決定將晴海冠上汽車旅館，讓消費者舉目即知該處是可供車輛直驅停駐的旅館。

晴海汽車旅館創辦人在不同階段發展不同的事業，縱使期間曾回頭重起原事業，也能依據環境變化改良經營模式，具體展現出前章所提出的仁的實踐—自我超越。

晴海汽車旅館之所以會以冷泉做為差異化及重點行銷策略，乃是因為晴海所在地擁有一項獨特的天然資源—冷泉—而遠近馳名，當地農家以冷泉栽植的水薤菜也因為青脆的口感而受到消費者的喜愛，每每成為過路客必定臨時停車購買的特產佳餚，因而冷泉及水薤菜成為當地一大特色。

當地冷泉雖然歷史悠久，但和其他縣境內其他冷泉一樣，長久以來均未受到特別重視，僅限於少數遊客口耳相傳的秘境景點。1999 年

921 地震過後，為了災害復原以及未來防災需要，政府進行了許多地質及水文調查，以瞭解災害影響範圍及程度。當時縣政府委託水資源局進行的調查指出，當地冷泉的地質及水文並未遭受破壞，出水量不僅相當豐沛，而且沒有豐水期及枯水期之分，全年流量極為穩定，相當適合開發為觀光景點。然而，因為該地一直以來沒有適當資源挹注，也沒有大型開發商進駐開發，因此未能成為熱門休閒地點。透過該次的調查之後，縣政府觀光局經過評估之後，認為該地區具有能夠開發為冷泉休閒遊憩區潛力。由於該地屬於傳統的農業區，多年來冷泉之於農民而言也只限於引水種植水蘿菜，並未進行其他運用。基於善用此一稀有的天然資源，縣府開始構思如何配合當地農村特色將其規劃為農業文化園區，並以冷泉為焦點，在不大幅破壞原本地形地貌的前提之下，打造為獨特的水鄉生態休閒農業園區，期盼與其他新興的休閒的農業休閒園區有所差異，進一步帶動觀光產業。

王董事長此時正在煩惱如何將汽車旅館與地方特色結合，得知縣府有此規劃構想後，立即主動配合地方政府，將冷泉與汽車旅館結合，打造成具備地方特色的休閒旅館。由於台灣從北到南皆有溫泉，因此消費市場上一直以來是溫泉當道，溫泉旅館更是深具歷史傳統。相對的，冷泉不僅較為稀少，開發程度亦較低，更遑論是以冷泉旅館為行銷重點。此外，將冷泉導入汽車旅館，技術上並不困難，棘手的問題在於冷泉的水脈調查、開發許可、水權計價、以及水質檢驗等等先期作業，凡此種種都需各級政府單位的通力合作，若單由企業主導推動，勢必瓶頸重重。王董事長為使理念能夠落實，積極主動與各級政府單

位溝通協調，期盼透過產業與政府合作創造出獨特的地方意象，為地方帶來觀光休閒效益。而其自身的旅館事業也能夠以具有地方特色的冷泉賦予休閒風格進行重點行銷，打造出與市面常見的汽車旅館大異其趣的休閒內涵，成為晴海的競爭利器。

晴海汽車旅館雖然是創辦人持續自我超越的心血結晶，但創辦人瞭解到該事業為區域內新興產業，孤掌難鳴，因此在經營策略上，透過群策群力方式，結合在地力量共同成長、茁壯。

此外，當晴海汽車旅館尚處於規劃設計階段之時，王董事長即與研發團隊絞盡腦汁，思考如何讓入住旅客感受到客房的與眾不同氛圍，促使顧客願意再度光臨消費。最終晴海決定不惜花費龐大心血與預算，讓每間房間呈現出不同情調，為 27 間客房各別打造不同的主題等，呈現出高雅格調的品味。由於冷泉是其休閒特色，加上客房格局、風格、主題均不相同，不僅與區域內同業有所差異，消費者也會因為想要體驗特色各異的不同休閒風情客房而持續回購。此外，為了突顯冷泉特色，每間客房的浴室的浴缸及蓮蓬頭都接有冷泉，讓顧客可以在客房內即可以自在享有冷泉泡澡的服務。為了徹底發揮冷泉休閒的特色，在設計浴室時，即將浴室定位為客廳及臥房的延伸；為了彰顯浴室的開闊性，將整個客房空間平均分配給浴室與房間，設計目的就是希望顧客在住宿時間，能夠將充分運用冷泉浴室的療癒功能。最後，為了讓冷泉客房的休閒功能發揮到極致，每間客房均裝潢出星空穹頂，讓顧客在客房中彷彿置身於空曠的戶外，雖說是在室內泡湯，但卻能夠

仰望天空中的月亮與星星，與該汽車旅館的名稱—晴海—晴空瀚海—不謀而合。在夜色之中，配合浴室幻彩音樂按摩浴缸以及室內綠意盎然的植栽，更讓顧客雖身處室內泡湯卻享有悠遊戶外大自然的感覺。

在產品策略方面，晴海汽車旅館透過內部團隊學習，讓研發團隊激盪出休閒冷泉療癒客房。不僅塑造出有別於同業的特色，並能滿足消費者體驗夢幻旅程的好奇心。

晴海汽車旅館依照規劃於 2007 年落成開業後，立即面臨新進者如何打響知名度的挑戰，晴海於是多方嘗試各種不同的行銷方法。除了一般常見的傳統媒體行銷外，適逢社群媒體（當年主要為 FB）崛起，而休閒旅館與社群媒體的客群都屬於年輕族群，因此晴海立即率同業之先進行社群媒體行銷。此外，為實踐其事業與地方特色結合之初衷，晴海經常透過贊助政府舉辦活動行銷等方式，一方面行銷晴海，一方面促進在地觀光，其具體作法為配合活動推出不同的行銷組合。例如，每當鄉公所規劃舉辦農特產品行銷活動時，晴海會事先預告活動當天將免費贈送入住旅客一份特製農特產品大餐以回饋消費者。此一異業結盟策略不僅達到行銷效果因而提高住房率，也連帶提昇晴海汽車旅館的品牌知名度。更重要的是，經過一系列的配合活動行銷，除了確立其與同業差異化的營運模式，更在於在地居民心中留下回饋鄉里的好形象。

為深化與地方的連結，並善盡企業社會責任，王董事長也積極參

與社會公益活動。舉例而言，在地消防隊必須經常於各機關、單位舉辦消防演練以宣導正確的消防觀念及知識，晴海汽車旅館身為公眾消費場所必須配合演習之外，也經常主動贊助滅火器，以供演習之用。而當縣政府或鄉公所規劃舉辦運動會時，晴海也會主動配合，以成本價格提供選手住宿空間。每當公益團體舉辦園遊會、義賣會等等公益活動時，晴海也會出資贊助攤位，讓公益社團提供自家產品進行義賣，再將義賣所得全數捐贈予公益團體。透過參與這些公益活動，晴海的形象與地方關係日益提昇，成為地方上受人敬重的企業。由於晴海創新的經營策略以及靈活的行銷方式，地方政府舉辦活動時常會前來請教，王董事長秉持不藏私的奉獻精神，也常以其從理論學習與實務實踐而得的專業管理知識提出意見。他建議政府應將各種地方活動進行統整，去蕪存菁後規劃為定期舉辦的永續發展活動。由於是定期（例如每年）舉辦之活動，則各民間社團或企業即可依據既定時程出錢出力予以贊助，如此一來，在群策群力的推動下，即可以最小的成本將政府的觀光產業政策以及農特產行銷予以落實。在王董事長的號召之下，許多社團與企業紛紛響應此一做法，因而提升當地觀光效益，進而促進了周邊產業發展。

在行銷策略方面，晴海汽車旅館與時俱進，於成立伊始即透過社群媒體行銷，並善盡企業社會責任與所在區域進行深度連結，藉由與利害相關人不斷彼此互相學習與磨合，由內向外擴展策略聯盟， 達到整合行銷的效果。

　　經由前述與政府部門通力合作而獲得良好成效，並於在地社團與企業間獲得一致的好評，晴海更進一步拓展與其他產業的合作。經過長期與在地社團及企業的互動與觀察，王董事長發現晴海汽車旅館方圓十公里內即有工業區，其中頗多為中大型企業。王董事長早年即曾從事製造業，深知工業區內許多廠商都是 OEM 或 ODM 企業，經常會有國外客戶來訪洽談合作或查廠。他發現一個有趣的現象，每當有國外客戶到訪時，工業區廠商無法就近為客戶找到優質的星級住宿飯店，經常需要安排到鄰近的直轄市，再接洽專車往返接送。此外，由於工業區廠商以製造見長，雖有接待外賓需求但頻率並非太高，因此往往沒有聘請專業外語人才，一旦遇到需要翻譯場合，就需臨時由外界聘請以鐘點計費之即時翻譯專才。相對的，晴海開業伊始，雖然定位為汽車旅館，但因所處區位及強調地方特色之休閒旅館，即已預見其顧客群會有接送以及翻譯需求，所以主動接洽工業區廠商提出合作方案。亦即，當廠商有外賓來訪時，若有翻譯需求則由晴海派遣翻譯人才協助，若有接送需求則可以提供 24 小時的接送服務。如此貼心的合作提案，不僅為廠商解決長久以來的難解問題，更讓廠商多了一個隨時可以依靠的合作夥伴。由於此一異業結盟策略實施相當成功，於是晴海又將此一模式推廣至與在地社會團體，例如扶輪社、獅子會、青年商會等。因為這些社團經常必須與國外友會等團體進行交流，時常會有外賓到訪，這時晴海能夠提供的住宿、接送、翻譯等如同五星級飯店的服務，亦成為社團首選的合作對象。嗣後，因為晴海的延伸服務做出口碑，鄰近的婦產醫院主動與晴海接洽，希望晴海能夠提供其院內

產婦住宿服務。晴海原本相當訝異：該醫院原本就附設有月子中心，為何還要將產婦住宿的收入往外推？探究之下，原來是有些產婦及家屬覺得產後在醫院內坐月子令人感覺環境沒有那麼溫馨，但又希望可以離醫院較近，便於產後回診，所以選擇住在附近的旅館內。基於服務鄉親的理念，晴海也欣然接受這個結盟提案，選擇較適合產後調理的房型供新手媽媽調理身體。

至於與休閒產業同業之間的合作，晴海更是想方設法進行策劃。首先，晴海先盤點縣內知名景點，再從中挑選出適合半日慢遊的景點，再篩選出與晴海距離最近的目標；最後，晴海決定與距離僅十五公里的鄰鎮腳踏車出租業者以及餐廳進行策略聯盟。其具體做法是在行銷自家汽車旅館時，以套裝行程方式將鄰鎮腳踏車出租業者及餐廳納入其中，當顧客來到晴海住宿後，隔天上午用完早餐後即以專車將旅客送到鄰鎮騎踏車並用餐；或是相反過來，旅客先到鄰鎮騎踏車並用過晚餐後，晴海再以專車將旅客接回住宿。如此一來，對於希望同時享受冷泉休閒旅宿與單車行但卻缺乏往返交通工具的顧客而言，此種套票行程可以同時增加晴海及鄰鎮旅遊業者的顧客來源。雖然往返接送旅客會增加晴海的營運成本，不過由於顧客對此服務感到滿意，而企業間的又可因策略聯盟而得益，因而增進了顧客的回購率以及企業間的結盟意願，可以說是企業從合作雙贏的觀點出發，從而促進了與顧客間三贏的結果。

　　晴海汽車旅館審時度勢，充份瞭解產業發展趨勢後，積極建構其價值鏈，與上下游產業進行垂直整合，為顧客提供整解決方案，達到異業策略聯盟的共好成效。

　　除了以上所述各種策略聯盟行銷方案之外，晴海對於直接行銷自身提供之住宿服務亦相當積極。眾所週知，除非是都會區，否則非都會區的汽車旅館就跟所有旅遊業一樣在非日的週間都是生意清淡時刻。為了能夠提昇週一至週五的住房率以攤平成本，晴海會不定期推出各種促銷優惠，以吸引旅客入住；例如：買一送一住宿即送休憩券。另外，也針對汽車旅館業較少關注的配偶族群推出二度蜜月方案，入住即享蜜月價之外，還額外贈送貼心小禮物或腳踏車騎乘券等等。這些不斷推陳出新的促銷方案，雖然贈品價值相較於住宿價格總額並不高，但卻可以打入顧客的心坎裡，使其因倍感溫馨而願意回購。此外，為實現其發展地方特色的諾言，王董事長也曾將當地特產冷泉水蘿菜包裝成高檔商品當成贈品送給住宿旅客。透過住宿泡冷泉、退房送冷泉水蘿菜的舉動，達到打開冷泉知名度，行銷冷泉旅宿的目的。

　　晴海除了努力於對外行銷以外，內部的營運亦極為用心，該企業特別重視團隊運作，認為唯有將企業成員組織編成團隊，營運效率才能發揮到極致。以房務作業為例，對所有旅宿業者而言，客房清潔是最基本的功課，因而這是旅客入住時最優先的考量因素。晴海開業前的首要職前訓練就是房務清潔員培訓。一般而言，旅館同業的房務人員也會進行編組，不過通常只有二人團隊整理房間，晴海則不惜成本，

以三人為一組團隊同時整理房間，務求在極短的時間之內將客房打掃得一塵不染以迎接下一組旅客。除了職前訓練之外，為免房務員日久疲乏，平時也會定期實施在職訓練，每次並且是由三人團隊一起訓練；床鋪清潔整理、房間清潔消毒、衛浴清掃各司其職，並互相指導、支援與提醒，務必使房務管理做到衛生無虞。此外，為確保萬無一失，運用王董事長於進修企業管理碩士時所學習到的多重品質管理方法，個案公司建立一套含有四道關卡房務品質管理體制，第一道：客人退房之後，幹部立即進房檢視房間狀況，檢查有無損壞或遺失物品及設備後，若一正常即通知房務人員進場清消；第二道：房務人員進房整理房間，整理完畢之後隨即退出房間，並回報直屬組長；第三道：組長接獲清潔完成回報，必定要立即檢查房間，檢查無誤立即通知上層主管；第四道：主管接到通知後必須再度進行複檢，以確認房務工作是否落實。如果在第三及第四道關卡發現任何缺失，則必須回到第二道關卡，由房務人員再度進行清潔。透過這個機制對客房品質再三確認以後，才可以在系統上開放這個房間進行販售，未經主管完成巡房確認之客房絕對嚴格禁止銷售。前述在第三及第四道關卡發現缺失時，不但需記載於日常清潔日誌，還須進行教育訓練。若缺失是在第四道關卡才發現，則不僅第一線的房務人員必須再訓練，第二線的組長亦需接受再教育。晴海透過這種層層把關的方式，建立起一套品質管理制度，為的就是期望能夠將服務品質的精神徹底落實到員工日常提供之服務中。

　　如前所述，不少社會新聞報導有些人會在旅館內從事不良行為，晴海為維持其高品質的形象，寧可犧牲利潤也不接待這類消費者。因此，訓練第一線接觸消費者的客服部員工察言觀色的技巧，即成為相當重要的課題。為了培訓員工能夠在面對有疑慮的消費者時能夠委婉拒絕而不致惹惱對方，王董事長親自編製客服人員教戰手冊，將應對內容寫入其中，任何一位新進的客服部員工都必須接受職前培訓並熟讀手冊中的內容，以備隨時應對不便接待的來客。例如：當多位成年人一起前來時，客服人員必須立即委婉告知對方：「各位貴賓實在很不好意思，本旅館的客房都是標準房型，所有設施只能夠容納雙人或小家庭休憩住宿，由於您們的人數超過本館的設施容量，請恕我們無法接待，造成您的不便還請您見諒，歡迎下次闔家光臨，謝謝。」而這套教戰守則不僅是對新進客服部員工宣講而已，而是由客服部的主管、資深員工及新進員工組成學習團隊，模擬各種狀況，先由主管及資深員工進行演示，再由資深員工一對一帶領新進員工演練，最後再由新進員工演示，由主管進行成果驗收。

　　由於晴海汽車旅館從一開始的差異化策略、設定目標市場、堅持服務品質，確立了它與同業間的區隔，讓它在短時間內就在業界站穩了腳步。後來又陸續採取策略聯盟、實踐企業社會責任等合作模式，不斷創新，因而創造出不刻意行銷而達到行銷的效果。

　　除了對外策略持續進展之外，晴海汽車旅館審對內的亦不斷透過持續培訓及團隊學習制度提升全員核心職能，以因應快速的產業變遷。

此外，在不斷累積經營管理知識後，將實務運作成功經驗轉化為一套標準作業程序，用以培訓人才，以收教育訓練之功。

　　迨至 2019 年 12 月爆發新冠肺炎 (COVID-19) 疫情，2020 年開始全球旅宿業進入寒冬，相關產業萎靡不振，不少業者紛紛不支倒地。我國於 2020 年 1 月 15 日公告 COVID-19 為第五類法定傳染病，隨著疫情逐步擴大，陸續推出必要的預防措施以加強疾病監測與控制，並力求減少傳播風險。自 1 月 26 日開始實施居家檢疫／隔離政策後，由於全球疫情逐漸升溫，境外移入確診個案增加，入境者居家隔離人數攀升，3 月 1 日開始，地方政府啟動居家檢疫及居家隔離關懷服務中心，針對無適當住所之居家檢疫／隔離者，規劃特定旅館或安置場所。由於全球疫情嚴峻，各國紛紛發出旅遊禁令，致使國際旅遊市場大幅衰退。根據聯合國世界觀光組織（World Tourism Organization）統計，新冠肺炎疫情造成 2020 年國際遊客減少 10 億人次（74%），其中前往亞太地區的遊客人數降幅最大（84%），全球旅遊業產值損失總計約 1.3 兆美元（約合新台幣 37 兆元）。雖然當時台灣並未如其他國家般爆發大規模疫情，但隨著入境確診個案增加以及保持社交距離政策的推動，為避免感染風險，國人出遊意願大幅降低，致使旅宿業者生意一片慘淡。由於國人自海外歸國者日漸增加，居家檢疫／隔離嚴重缺乏，各地方政府為安排海外入境旅客檢疫隔離，積極協調各旅館業者轉型成為防疫旅館。無奈各旅館業者深怕一旦成為防疫旅館，在消費者心中將留下旅館殘留病毒的不良印象，疫情消失後不利於正常營運，因而

造成地方政府協調時極為困難。

　　個案公司董事長在分析全球疫情發展趨勢後，發現疫情不可能於短期內結束，遊客回流的日子遙不可及。面對沒有遊客的日常，旅館不可能直接拉下鐵門暫停營業，因為必須顧及數十員工及其背後家庭的生計，以及旅館設施的維護。然而，公司無法在沒有收入的情況下長期支應這些營運支出，必須想辦法創造其他收入方是上策。因此，當地方政府徵詢轄內旅宿業者成為防疫旅館之時，王董事長經過長考，一來為了員工生計，二來考量縣內鄉親返鄉投宿無門，毅然決然自願成為縣境內第一家防疫旅館。然而，當他與員工討論暫時轉型為防疫旅館事宜時，出於對疫情傳播的恐懼及防疫知識的缺乏，員工無一贊同。面對這種情況，王董事長並沒有氣餒，因為他知道其實這種情況早在台北市於 2 月 21 日推出全國第一家防疫旅館時就已出現；最開始幾家響應政策的旅宿業者甚至不敢公開旅館名稱，一方面擔心引起鄰居恐慌，一方面也擔心被污名化。

　　為了讓員工能夠安心投入防疫旅館，王董事長決定帶頭學習如何經營防疫旅館，於是他親自北上觀摩學習。由於從第一家防疫旅館開始，臺北市政府即已成立專門的醫護輔導團隊，以傳染病防護規格為防疫旅館之作業進行重新規劃。從進出動線分流、清潔、消毒、送餐、防護（衣）裝備、廢棄物處理等等，都已經建立一套完整的標準作業程序（SOP）。因此，王董事長親自瞭解並體驗這些流程後，從台北禮聘專家至該公司進行詳細解說，讓全體員工瞭解防疫旅館的防疫規格

乃是比照醫療院所，而且顧客接待密度以及與顧客的接觸程度遠比醫院來得低，只要落實防護工作，其風險極為微小。待員工充份瞭解防疫知識後，再由專家協助將防疫旅館服務流程 SOP 導入該汽車旅館，從頭開始訓練全體員工。

在臺北市的防疫旅館標準作業流程中，有關門禁管理之規定為：旅館出入口必須劃設管制區，入館前先量體溫，再循管制區設置之紅色通道進入旅館。接待櫃檯須備有 75% 酒精以供手部消毒，櫃檯人員由於與入住旅客近距離接觸，必須穿著防護衣受理入住登記。接送旅客及收垃圾的電梯、樓梯及走道等動線，必須在每次接送後以酒精或稀釋的漂白水進行消潔及消毒，而清消人員也必須穿著防護衣。至於房間清潔及消毒準則，一般居家檢疫及隔離者之房間必須靜置至少 3 小時、確診者住房則須 72 小時才准人員進入，執行清消的工作人員應穿戴較高規格之防護裝備（防水手套、N95 口罩、防水圍裙、護目鏡或面罩），進房後須先開啟門窗保持通風再進行清消。清消時，須以噴霧噴灑整個房間，再對房內各處可能接觸的設備及物品以消毒水擦拭。對於防護設備之規範，則包括消毒水泡製方式、防護衣穿脫規範、以及垃圾處理原則等等。

從以上簡短概述防疫旅館規範可知，其執行作業極為繁瑣，每個細節均需環環相扣、滴水不漏，方能確保員工及旅客安全。對於從未接觸這類專業知識的員工而言，要在極短時間內熟悉操作流程，並且立即上手，可謂困難之至。面對全新的專業領域，個案公司於培訓期

間將員工組成學習團隊，大多數作業程序都由二人一組，共同學習、互相支援、彼此提醒，以確保防護措施嚴絲密縫，保護自己同時也保護家人、同事、顧客。

該汽車旅館為縣境內第一家防疫旅館，時值 2020 年 5 月，在坐困愁城三個月之後，抱持著戰戰兢兢的態度，該旅館終於迎來第一批入住旅客。自從轉型為防疫旅館之後，二年多以來，該旅館每日入住率均達 100%，甚至供不應求，業績反較疫情前成長 40%，成為一片愁雲慘霧旅宿業中之異數。由於該旅館秉持著服務不打折的精神，甚至因體恤居隔旅客身心受困而升級服務，許多疫情期間仍需往來國外的商務旅客每每指定入住。

面對新冠疫情帶來的衝擊，創辦人身先士卒學習防疫新知、引進防疫旅館管理制度，再以身作則透過小組學習及演練，落實新制度的施行，使該企業得於困境中逆勢成長。

迨至 2022 年 2 月，有鑑於世界各國決定與 covid-19 病毒共存而陸續全面解封，台灣也決定從 3 月起改採經濟防疫策略：縮短入境檢疫期間、鬆綁各類場所佩戴口罩規定、開放商務客入境。王董事長判斷防疫旅館即將退場（果不其然，同年 9 月中央宣布自 10 月 13 日起入境旅客免隔離，業者轉回一般旅館經營），他深知疫後的消費模式與經營模式必然有別於疫情前，晴海必須進行大幅度創新方能因應新局。幾經思考後，王董事長決定採取策略聯盟模式導入專業經營團隊，由

寶藝村公司投資整修後以雅薇時尚精品旅館重新出發，全體員工於結算年資後可以全數留用於新公司。

　　回顧晴海於 2020 年 5 月的轉型決策，不僅為該企業延續生存命脈，更因率同業之先，化危機為轉機，使該公司營業更上一層樓。然而，更重要的是，該公司在疫情當下，能夠在兼顧員工生計及事業延續之下，率領員工為防疫工作盡一份心力，善盡其企業社會責任，堪為業界表率。全於 2022 年 3 月的策略聯盟決策，更是洞燭先機於前，善盡對員工的企業社會責任，並為企業永續經營樹立典範。

第二節 禮—晴海個案重點作為

一、個案公司王董事長長期旅居國外，並捨棄至大陸創業，回故鄉台灣南投名間鄉創業，並獨資 2.5 億元創造個案公司汽車旅館。

二、王董事長運用在地天然冷泉資源，打造個案創立服務品牌。並結合地方特色主打產品行銷，增添話題性與顧客來源。

三、結合地方政府推展在地冷泉地方觀光策略，將休閒旅館與在地冷泉資源結合，並積極與地方公所與政府合作，結合地方活動，積極推廣冷泉。

四、除觀光資源借力使力外，個案公司王董事長積極深耕地方與公益，提升企業整體形象，並拉近與地方間之良性互動機會。

五、透過異業結盟，將客人帶來南投在地，騎車用餐住宿，創造合作三贏。

六、個案公司落實內部員工訓練，精確服務流程與品質，吸引顧客再度光臨，創造經營績效。

七、個案公司王董事長能夠審時度勢，根據外在環境變化，勇於進行企業轉型決定，為企業延續生存命脈，並為企業找到一個新的出路。

八、在轉型過程中，為消除員工疑慮，企業負責人能夠勇於嘗試，尋求外部資源，並且身先士卒，重新學習新事物，成為公司學習表

率。

九、為培養員工面對新挑戰時必須具備技能，願意提供企業資源創造團隊學習氛圍，讓所有員工能夠透過彼此協力合作，於短時間內共同完成新技能的學習。

十、企業負責人不僅考量企業永續發展，而且能夠肩負起企業的社會責任，從員工及其家庭之生計考量，為其謀求最佳的危機處理方案。

十一、在疫情正熾之時，能夠勇於承擔公民責任，響應防疫政策需求，協助解決社會面臨的問題。

第三節 禮—晴海之團隊學習典範

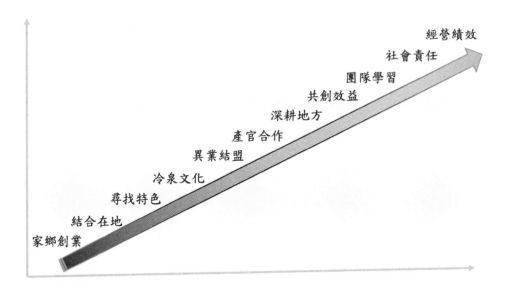

圖 7. 晴海汽車旅館之團隊學習典範

第四節 禮—晴海個案問題討論

一、 晴海企業在五常德之仁義禮智信各有何作為？

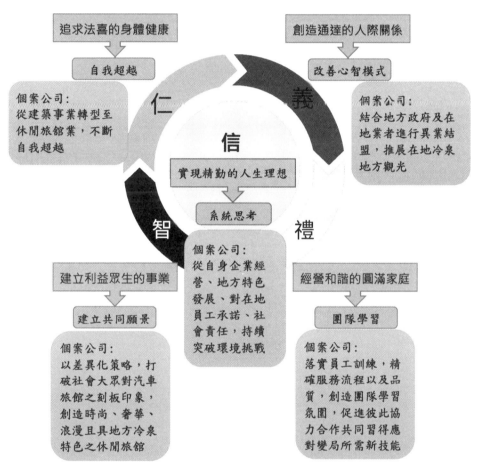

圖 8.晴海企業之仁義禮智信作為

　　以下是個案公司在五常德之仁義禮智信之作為：

1.「仁」：個案公司從建築事業轉型至休閒旅舘業，並持續思索如何經

營出不同特色的旅館，不僅努力結合地方文化、進行策略聯盟，最後更從實踐企業社會責任中找到化危機為轉機的窗口。可以說，過去二十餘年來，個案公司均不斷在實踐自我超越。

2. 「義」：個案公司在成長過程中，每一個新的發展階段都是透過心智模式改善來強化它的經營體質或是解決其所面臨的問題。一開始，創辦人就揚棄單純經營汽車旅館的傳統思維，運用創意結合具有地方特色的冷泉以及鄉公所節慶活動，藉以彰顯其文化形象。此外，與地方上其他產業及公益團體結盟，透過聯合活動來擴大行銷效果。最後，透過轉型為防疫旅館，與縣政府合作服務返鄉鄉親。凡此種種，均可以見到個案公司不斷依照環境變化，改善自己的心智模式，不以自我為中心，而是以整體社會網絡共好為經營目標，創造與相關利害關係之間更良好的互動與人際關係。

3. 「禮」：個案公司為落實自身文化特色休閒旅館之定位，定期透過員工訓練，由員工組成學習團隊進行標竿學習，以持續改善服務流程與品質。而在近年轉型為防疫旅館時，更是親自帶領全體員工從頭學習防疫旅館經營模式，由成果來看，其所推動之團隊學習足堪企業學習型組織楷模。

4. 「智」：個案公司以有別於一般汽車旅館的經營方式，在鄉間打造出時尚、奢華、浪漫且具地方冷泉特色之休閒旅館，其目的除了盈利之外，尚且肩負著振興地方經濟、復甦地方文化的使命。而這樣的經營理念不僅僅是創辦人的理想，而是需要全體員工共同認

可，才能一體前行。因此，個案公司不忘將此一共同願景融入於每一次的活動、訓練、甚至是每個作業流程中，讓它成為組織的DNA。

5. 「信」：個案公司在二十餘年的經營歷程中，對內而言，不僅考量到企業持續茁壯成長，也考量到員工的職涯發展及其家庭生計。對外而言，不僅考慮到服務顧客，尚且能夠兼顧地方特色及產業之共榮，更難能可貴的是，能夠與公益團體及各級政府合作，善盡其企業社會責任。此種既深且廣的經營思想，將事業經營的理念提升至各個層面的共同發展，即是系統思考的具體展現。

二、 晴海企業對「禮」之具體作為為何？

個案公司深知事業經營必須仰賴具有高效能、高效率的工作團隊才能成功，為了讓員工熟悉且樂於與他人分工合作，將團隊學習導入企業日常運作之中。在房務人員整理房務訓練中，由於平常工作時就是由三位房務員整理房間，因此任何教育訓練就是由三人團隊一起受訓，雖然各人工作分別為床鋪清潔整理、房間清潔消毒、衛浴清掃，為使房務管理做到完備，團隊成員必須互相支援、彼此提點。而在房務品質管理方面，個案公司建立了四個查核點：（1）幹部於客人退房後檢查房間，（2）檢查無誤後房務人員進場整理房間，（3）整理完畢後由組長進房檢查清潔成果是否符合規定，（4）檢查無誤後，由主管進行複檢，以確保落實房務工作。若房務清潔整理有任何瑕疵，則

須整個團隊進行教育訓練。這套制度的設計目的，在於讓員工從日常工作中自然接受團隊合作及團隊學習的精神，以利將個案公司的服務理念貫徹至日常服務作業之中。

三、　晴海企業對在經營策略上，如何應用參與團隊學習？

個案公司的目標是打造出時尚、奢華、浪漫且具地方冷泉特色之休閒精品旅館，為維持住宿品質，必須委婉拒絕許多非目標客群，因此個案公司擬定完整的教戰守則以利客服人員應對，特別是新進的客服員工。在教育訓練中，不僅只是宣講、背誦教戰守則，而是由客服部主管帶領資深與新進員工組成學習團隊，模擬各種狀況，先由主管及資深員工進行演示，再由資深員工帶領新進員工演練，最後再由新進員工演示與成果驗收。

其次，2020 年開始全球旅宿業因新冠肺炎疫情影響，營運大受衝擊，個案公司為求突破困境，決定在疫情期間轉型為防疫旅館。當員工因對新冠肺炎惴惴不安而抗拒轉型時，為了讓員工安心投入，董事長親自北上觀摩學習防疫旅館之作業規範，將臺北市從第一家防疫旅館開始即已規劃之防疫旅館標準作業程序作業（包含動線分流、清潔、消毒、送餐、防護裝備、廢棄物處理等等）導入個案公司。導入過程中，不僅聘請專家進行作業程序說明，個案公司並於上班時間進行實地培訓。由員工依照日常作業程序組成學習團隊，共同學習關門禁管理、清消方法、防護裝備使用等等，並於實地演練時互相提醒、彼此支援，

以確保每個人都能學習到完整的防疫知識。由於該公司因應經營策略改變而推動的團隊學習相當成功，個案企業不僅能延續生存命脈，更化危機為轉機，營業績效更勝於疫情爆發前。

四、 晴海企業運用何種方法協助在地團隊學習？

個案公司與在地團隊共同學習的範圍相當多元；首先，因應其建立時尚、奢華、浪漫且具地方冷泉特色休閒精品旅館之目標，不僅旅館內每個房間的浴室都設有冷泉，並持續透過產官合作模式，創造地方冷泉意象，竭力協助活化在地觀光。其次，個案公司也會依照地方主題，推出不同的行銷方案，例如結合鄉公所各項活動，贈送活動當天住宿旅客特色餐點；藉由此種策略聯盟推廣方式，不僅能夠提升房間住宿率，也能創造出與其他同業不同的行銷差異化效果。在提升汽車旅館知名度之餘，亦能推升地方特色的能見度。

此外，由於旅館所在區域鄰近工業區及其周邊產業聚落，而工業區雖不乏大型企業擁有豐沛資源，但仍有許多中小企業極需透過外部協作以彌補資源之不足。因此個案公司即運用其經營旅館之常備資源，與周遭廠商互補合作。例如，國外客戶訪廠時為其提供翻譯人才，或應廠商要求提供 24 小時客戶接送，以減輕中小型廠商即時翻譯與接送安排之困擾。另外，如在地社會團體如扶輪社、獅子會、青商會等社團必須與國外團體交流，經常會有外賓到訪，這時晴海能夠提供的住宿、接送、翻譯等如同五星級飯店的服務，亦成為社團首選的合作對

象。

再者，為提供遊客多元化遊憩需求，晴海汽車旅館亦與鄰鎮鎮腳踏車出租業者及特色料理餐廳進行異業結盟，主動規劃行程為住宿旅客預約並接送至鄰鎮鎮騎踏車及用餐，以增加結盟業者之客來源。雖然此一接送服務會增加旅館支出，從協同合作促進雙贏的角度而言，由於總體服務方案（俗稱一條龍服務）令顧客得以無須自行費時費力規劃行程，因而提升了顧客滿意度。再加上結盟廠商也會相對將晴海推薦給消費者，這種因結盟而相互得利的策略，無形中更提升了顧客的回流率，也更強化了合作廠商的異業合作意願。

參考文獻

1. Niaya Harper , Feb 16, 2018, A Guide to Sake in Niigata City: Highlights for the sake beginner and connoisseur, https://en.japantravel.com/niigata/a-guide-to-sake-in-niigata-city/41452.

2. Statista. Sales volume of refined sake in Japan from fiscal year 2011 to 2020。https://www.statista.com/statistics/1172238/japan-refined-sake-sales-volume/

3. 日本酒造組合中央會，https://japansake.or.jp/sake/en/sake-statistics-data/export/

4. 新潟縣酒造組合，https://www.niigata-sake.or.jp/en/

第五章
以五常德之智
建立共同願景

第五章 以五常德之智建立共同願景

近年來有很多公司都制訂「使命」或「任務」來說明其存在的目的，但常有部分的企業往往不瞭解企業訂立「使命」或「任務」主要意義，就跟著流行，認為「別家公司都有制訂，我也要有」。其實「使命」主要在宣示公司高階經營者執行這個使命的準則。同樣的，建立「共同願景」，就是宣示「公司將來想變成什麼樣子？」，也就是組織中人們所共同持有的意象或景象，讓所有員工都能體認「我們想要創造什麼？」的一致性目的；它創造出眾人是一體的感覺。所以代表著公司經營者的策略意圖。

我們用古代孫子兵法對於「形」、「勢」的原理來說明。孫子說：「激水之疾，至於漂石者勢也」（孫子兵法，勢篇）。意思是，激起的水非常快速強大，其激起氣勢磅礡的水流足以把巨大的重石（漂石）沖走。所以「勢」就是由一定的「形」所造成的能量。企業建立「共同願景」就描繪公司想要變成「什麼樣子？」，也就是建立了「形」，同時也代表了經營者的策略意圖，顯示公司想要在市場上獲得的競爭地位。公司的「形」建立以後，才能制訂策略，有效集中資源和能力，全力主動造企業的「勢」來創造商機。例如公司創造「市場有利地位」、「提升企業人員素質、技術、營運績效」、「主導組織士氣、鬥志、團隊精神」、「造聲勢，提升企業形象」等，就如「激水之疾」，形成強大的能量，達到企業的未來目標。所以公司能發展有效或有意義的共同願景，即顯示公司選擇想要競爭的事業與要服務的顧客對象；

也指引了全體員工共同努力的方向。

我們以 1950 年代的 SONY（索尼）的價值觀 / 使命與願景來說明：

背景是二次世界大戰 1945 年結束，日本戰敗投降，國內產業百廢待興，當時日本企業生產的電子電器消費產品大多以模仿歐美的產品為主，也常被歐美企業稱為「生產仿冒品」為主的國家。此時，SONY公司大膽的提出其公司經營的價值觀 / 使命與願景。

1． SONY 的經營核心價值：

    （1） 提升日本文化和國家定位
    （2） 成為拓荒者不追隨別人
    （3） 做不可能的事
    （4） 鼓勵個人能力和創新
    （5） 以提升科技來增進大眾福祉的喜樂

2． SONY 的願景，生動的描述所遇見的未來（公司要成為什麼樣子）：

「我們要創造風行全世界的產品…我們會成為第一家進入美國、直接鋪貨的公司…，美國人作不好的事，例如電晶體收音機，我們會做得好，我們的名字會和世界任何一個名牌一樣響亮，而且代表了創新和品質，可以和世界任何公司匹敵…。「日本製造」將代表高品質，而不是劣質的仿冒品。」

在上述的願景「未來的形狀」宣示基礎下，指引著 SONY 公司實施各項「創新務實」的策略，（此即孫子兵法的「造勢」）。SONY 的 "創新" 展現在其世界頂尖的技術和產品研發領域，也在用人的策略上。公司選用幹部人才的標準是，出眾的聰明才智、專業的知識背景，且特別重視創新務實、認真負責的工作態度。

SONY 的創始人之一，盛田昭夫提出 "學歷無用論" 的口號，以打破陳規、鼓勵創新、充分發揮個性與創意的企業文化為基礎。在此企業文化建立的激勵機制下，SONY 的研發與行銷人才幹部得以發揮無限創造力，許多員工以 "自我實現" 為目標，全心投入於工作中，使執行效率達到極致。 經過多年的努力，SONY 公司達成了它的「共同願景」，創造了世界第一台隨身聽（Walkman）及許多以創新及高品質著稱的電子消費產品，一直走在市場領先的道路上，到了 2000 年代，SONY 的產品在全球的消費者心中，已成為「創新」的代名詞。（2008，8/13 SONY 用人之道）。

所以，建立「共同願景」的好處包括在內部：1. 選擇公司策略的方向與執行取捨的依據 2. 決定企業資源配置的優先順序 3. 使員工瞭解需要共同全力以赴的重要議題 4. 顯示企業文化與特質, 及與競爭者的差異。

日本 SONY 公司為求徹底由技術／產品跟隨者轉型，率業界之先提出願景、使命、價值之陳述，為組織提供明確的發展方向，促使全體員工得以群策群力朝向規劃方向發展。

以下我們即以一家中小企業建立以五常德文化為基礎的「共同願景」發展企業策略而成長獲利的實際個案，來說明其建立共同願景的方法及學習型組織的好處。

第一節 智─台源個案概述

一、公司創業以小型貿易商起家

台源公司邱總經理在 1980 年代大專畢業後即進入當時台灣的大貿易商高林貿易公司，從基層貿易業務員做起，負責全球市場的進出口外銷業務，客戶遍及歐美、東南亞、中東各地。當時，台灣以出口為導向的經濟發展正起步，歐美市場出口業務暢旺，外銷市場炙手可熱，邱總經理在高林公司從事多年貿易業務，進出口外銷業務嫻熟，且對於歐美市場的商品趨勢、消費者偏好，國外代理商通路及國內廠商的生產狀況等皆有一定的熟悉程度。1994 年乃決定自行創立台源實業股份有限公司（簡稱 台源），以從事出口代工產品的國際貿易業務。

因觀察到歐美市場蓬勃發展，充滿出口商機，台源創立初期即以禮贈商品和消費性用品的採購貿易為主要業務。其商業模式是，在歐美市場尋找買主，爭取訂單，並轉而下單給在中國大陸、泰國、越南東南亞地區報價具競爭力的商品生產商或供應商，台源負責辦理商品出口貿易業務。因消費性產品涵蓋範圍廣且複雜，商品供應地區分散，

需要靠經營者對於市場的長期耕耘，商品訊息靈通，及貿易業務的熟悉，方能滿足國外客戶之產品需求；邱總經理為找尋買主，經常需要參加在全世界相關商品的會展及拜訪歐美客戶，以瞭解市場需求，並爭取訂單，開拓業務。同時，業務上也常需往返泰國、越南、大陸等地尋找品質優良，價格具競爭力，適合歐美市場的商品生產商或供應商。

創業初期的辛苦耕耘及勤於在世界參展促銷，拜訪客戶，且憑藉邱總經理過去在高林貿易公司所累積的人脈與供應商關係，台源公司在競爭激烈的市場上逐漸佔有一席之地。貿易商業務的成敗關鍵在於是否有大公司的訂單挹注。台源公司能站穩市場腳步的關鍵是在多年的努力下，終於爭取到法國家樂福公司的”Feasting Magic” 約四百萬美金的第一筆專案訂單，主要是邱總經理以誠信待人，言行如一，平日與許多生產供應商皆能互動良好，對公司經營相當信任，因此這些供應商願意在重要關頭全力相挺配合急單生產，促成公司能在港商、韓商的激烈競爭下，以較具競爭力的價格與能及時配合交貨日期取得此筆大型訂單，台源也從此奠定了歐美市場經營的基礎，正式開啟大幅成長的契機。

來自法國家樂福訂單的效應不僅是財務狀況的改善，也是對於台源經營能力與信用的肯定。由於有家樂福公司的訂單效果加持，隨後，公司也陸續順利爭取到 Wal-Mart 、K-Mart、Target、Air France、Quick、KitKat、Glaxo Pharmacy 等國際知名購物中心或大型連鎖零售商

之長期訂單，在消費性用品中，尤其是企業贈禮品市場中逐漸奠基，且營運比重達整體營收約 80% 左右，成為公司的主要業務營收來源。

由於有國外大公司的穩定訂單來源，與生產供應商合作關係良好，台源公司營運步上軌道，每年業績穩定成長，邱總經理開始思考未來的發展策略。憑藉多年的貿易業務經驗，深知商品品質穩定、交貨及時是台源競爭優勢的基礎，因此決定開始在其合作夥伴中，選擇互動良好的生產供應商，以合資方式投資一起經營。藉此不僅深化彼此合作關係，也可以深入管控商品品質，進一步掌握交貨進度，提升商品水準。此項策略執行之後也收到預期的功效，歐、美進口商對於台源的出口商品品質皆予以信賴和肯定，憑藉交期迅速、產品品質值得信賴，價格具競爭力的信用口碑，台源公司躋身成為 Air France、Carrefour、NafNaf、Yves Rocher、L'Oreal-Lancome 等大型連鎖零售商在歐盟市場各季度、周年慶促銷活動專案採購的主要產品供應商之一。且由於台源提供的商品品質與交期信譽得到肯定，這些大公司為確保商品來源穩定，也進一步與台源合作，將在台灣、大陸、越南、泰國等地的商品採購業務委託台源公司負責協助。

台源公司的消費性用品與禮贈品出口貿易採購業務，與供應商的合資經營，都以 OEM 為主，利潤較少，訂單情況也常因企業客戶預算增減變化，不易預測次年訂單數量和備料。且隨著環境變化，勞力成本增加，OEM 訂單的營運成本高漲，穩定經營多年之後，公司發覺經營利潤漸趨微薄，長此以往，不利公司發展。

　　1999 年，全球消費市場趨勢顯示，運動休閒健康相關商品的需求大幅上昇，尤其是歐美消費者更是搶此風氣之先，初步估計，全球運動休閒用品市場的需求量至少六百億新台幣，且中國大陸經濟正在起飛，此方面的市場成長強勁，商品主流著重流行創意設計，以 ODM 為主商品才是獲取較高利潤之道。

　　運動休閒健康市場是提供消費者購買運動體適能休閒及遊憩活動等相關商品的市場，包括有三大區隔：1. 運動休閒相關活動區隔，提供消費者參與及觀賞性的運動休閒商品，包括健身俱樂部、職業運動等使用的商品皆屬之；2. 運動產品區隔，提供消費者提升及影響運動表現績效的運動商品，如運動場館設備、運動鞋、運動衣服、輔助運動器具、或醫療儀器；3. 運動促銷區隔，主要在促銷運動商品的工具性商品，如贊助、轉播、經紀、或運動彩券等。因此，運動休閒產業相關商品範圍甚廣，在消費大眾日漸重視休閒健康、運動的趨勢下，被視為是未來市場經濟發展的重點。

　　台灣一直是世界體育休閒用品生產的出口重鎮。近幾年來，在全球強調健康休閒風氣熱潮推展下，許多台灣廠商積極研發設計開發新產品，並與休閒運動周邊產業有深厚連結關係。台灣製造的運動休閒用品，如健身器材、高爾夫球用具、直排輪溜冰鞋等高級產品一直享譽國際，所設計的相關商品在國際設計舞台也大放光芒，獲獎甚多，深受眾多國際市場採購買主的肯定。運動休閒用品屬於消費性產業，其製造與行銷與市場流行、個人所得等因素有直接相關的連動關係。

尤其在今日的資訊、通訊及運輸技術高度發展時代，生產配銷、流行趨勢重新整合非常迅速，市場競爭環境亦快速變遷，導致以外銷為導向的運動休閒用品廠商經常要面臨相當大的挑戰。然而，只要廠商創新研發設計產品的能力強，且能掌握休閒運動流行趨勢，經營運作策略得當，獲利也會相對可觀。

　　為順應市場環境變化，邱總經理認為台源公司必須轉型，致力於提升公司商品設計和研發能力，進入以 ODM 為主的商品訂單採購業務方是公司可長可久之道。在審慎評估分析後，邱總經理乃決定執行企業變革，降低以禮品和消費性用品為主的業務營運比例，轉型至拓展運動休閒用品的市場為主，同時強化公司的創新研發設計能力，與深化與供應商的合作關係，推動與合作生產夥伴分享研發設計能量，共同成長策略。主要的作法是增加投資合作供應商資本額至 60% 左右，以強化主導產品開發與生產的方向與導入品質管理制度的控管能力，確保產品競爭力。在台源公司積極推動此營運模式下，目前在中國大陸佔股 60% 以上的合資廠商，有二家生產工廠，二十家其他零組件和產品供應商，有能力接 ODM 訂單，依據國外客戶所需的產品生產交貨。

　　在商品行銷通路佈局上，台源公司選擇與歐美大型進口貿易商分工合作，委託其負責開拓歐美市場及處理訂單接洽業務。台源公司則負責 ODM 的產品創新設計與商品供應，經過組織變革，台源公司轉型成為一家強調專利設計與產品創意的休閒運動用品企業，業務活動更擴展到歐、美、日市場；也順利拿下 HARROD'S、LITTLE WOODS、

IKEA、TESCO、DEBEHANS、WAL-MARK、 K-MART、MARKS & SPENCER 等大型連鎖百貨零售公司訂單

　　台源公司商品設計的特色是以塑膠製品 PVC 為材質，針對休閒運動當年、當季的休閒流行趨勢開發新型的產品，例如，PVC 材質的充氣手提袋、沙發、坐墊、背包、海灘休閒椅、充氣式更衣室、充氣式救生艇等產品，著重以精美的創新產品設計理念，結合消費流行時尚特色開發具創意、創新及流行性的產品以滿足市場需求。最值得稱道的是，台源公司於 2006 年舉行世界足球盃大賽期間，把握全球矚目的足球運動流行趨勢，適時開發以足球造型為主題的充氣座椅系列產品，在歐洲市場推出即創造銷售佳績，廣受市場好評，並趁勢將產品業務活動擴展到美、日市場。

　　台源公司的企業文化強調「以人為本」，其經營核心理念是尊重員工的「自主管理」，在此開放的氛圍下，員工工作態度認真，常能積極對於產品市場的開發與設計提出有創意的建言。對於產品則要求品質管理至上的政策，提供客戶嚴格的品質保證，產品品質廣受客戶信任，因此得以在競爭激烈的全球運動休閒用品、消費性用品與企業禮贈品的供應市場占有一席之地。企業宣示的共同願景是「成為歐、美、日、澳、中國大陸高檔休閒用品的主要供應中心」，在此經營核心理念與氛圍下，台源公司從小型貿易商開始發展，透過合資方式涉入供應商的產品生產運作活動，銷售產品也從以 OEM 代工禮贈品採購業務轉型為自主開發設計的 ODM 休閒運動用製造模式，實現其開拓國

際市場的策略目標。

　　驗證今日事業的發展，除了能適時順應環境趨勢潮流變化掌握機運之外，更能發展正確策略方向，有效執行以實現目標。未來，台源公司期盼成為歐美日客戶在高級運動休閒產品的主要供應商，並積極規劃發展 OBM（自創品牌）的營運策略，以培養進軍全球市場，成為「高檔休閒用品的主要供應中心」之競爭優勢。

　　台源公司從小型貿易商起家，從單純地在下游歐美市場尋找訂單再下單給上游供應商，轉型成為與供應商合資，共同塑造發展願景，一起成長。

二、公司經營轉型為以開發 ODM 商品的生產型貿易商的組織架構

　　台源公司的營運模式轉型過程，是從早期的小型貿易商角色，轉變為全球產銷配置規模的生產型貿易商，其組織架構包括：公司業務核心（台灣總公司）、樣品開發與原料採購及生產業務單位（深圳及上海分公司）、歐洲市場時尚流行產品設計開發單位（英國設計公司），三個營運事業單位體系及其他合作單位廠商等：

（1）公司業務核心（台灣總公司）：位於台中市，負責主要產品設計
　　　與營運規畫，為公司之核心，主要業務包括：訂單管理與生產配
　　　置決策（占公司營收 60%）、電匯 (T/T) 和信用狀 (L/C) 貨款收取等

財務及資金調配、訂單單據跟催、以及中、高級產品之主要模具和關鍵零組件開發等作業活動。

（2）樣品開發與原料採購及生產業務單位（深圳及上海分公司）：為考量生產和要取得的區位優勢，台源首先在深圳設立 SZO 分公司，專責樣品開發、原物料和成品採購、生產及出貨等業務活動。因企業逐步發展，規模擴大，及中國大陸市場原料採購業務活動 (Buying Office) 發展在 2000 年後有北移趨勢，台源 2006 年 4 月決定在上海設立分公司 (SHO) 以利降低採購成本與加速生產活動。

（3）歐洲市場時尚流行產品設計開發單位（英國設計公司）：台源公司為掌握歐盟市場消費者的休閒流行趨勢迅速推出商品，乃與英國 BS-UK 設計公司以契約式合作方式，專責產品設計與開發時尚休閒運動商品，以求產品設計水準能符合採購客戶的品味與需求。BS-UK 所設計出來的設計圖和申請獲准之專利皆歸屬台源公司所有。2006 年世界足球盃大賽期間，所開發以足球造型為主題的充氣座椅系列產品，即是 BS-UK 設計開發的商品，在歐洲市場也能操作塑造話題性的銷售佳績。台源公司邱總經理後來併購 BS-UK 公司，因而大幅提升台源公司的產品在市場上的競爭力。

（4）代工合作生產廠商與供應商：台源公司委託位於香港的印度公司代工生產價格較低的的運動休閒製品，以滿足多樣化需求的客戶。並與數家台商及港商等供應商長期合作，負責提供多樣化款式之產品，供買主選擇，對於這些合作廠商的商品品質，皆需符合台

源設定的品質要求標準，以確保商業信譽。

目前台源公司約有二十多位幹部員工，高階管理人分別負責深圳與上海分公司之業務活動管控及國外客戶之區域採購業務工作；以合資經營的產品生產工廠員工則達數千人以上，在此組織架構的整合分工運作下，皆能靈敏的回應市場需求，取得客戶的信賴。

綜觀台源公司從小貿易商及 OEM 代工廠商轉型至跨國貿易商及成為 ODM 設計開發、生產休閒時尚運動商品廠商，屢創銷售佳績的發展歷程，可知堅持創新是公司追求競爭力，永續經營的動力，而能掌握市場消費趨勢，適時設計開發符合消費者偏好的創新產品，方是公司成功的關鍵。然而，迎合歐洲消費者的品味並不容易，台源公司在進軍歐洲市場時，也經歷許多挫折，付出了錯誤的代價。例如，在進入歐洲市場初期，公司以自行設計方式開發設計「英國板球」商品，因事先未積極瞭解「英國板球」的作用規則等及歐美客戶的文化背景，所設計的產品外觀與客戶要求的實際產品概念完全不符，因而被要求重新設計，造成大幅損失。類此經驗，促使台源公司體會到，必須了解當地市場消費者的生活文化背景，才能設計出符合市場需求的產品，行銷至消費者手中。消費者的產品偏好，即使是產品外觀顏色的選擇細節，都關乎市場的銷售業績成敗。例如：義大利客戶偏好橘色，避諱紫色系的產品，英國客戶偏好深藍色、黑色等產品色系等，都是經過實際市場驗證後，學習到的寶貴體驗心得。

由於合資供應商策略奏效，台源公司成為歐盟市場中大型連鎖零

售商各項年度活動專案採購的主要產品供應商，進而掌握機會成為下游零售商的 ODM 供應商，重新塑造公司的發展願景。

三、提升創新產品設計與研發能力與品質控管為公司經營策略命脈

台源公司決定轉型策略之後，為求更貼近目標市場，避免商品開發失誤，台源公司積極要求設計師啟動學習提升產品設計與研發能力外，也不斷的透過參加全球的重要商展活動，訓練課程以及培養員工對歐美市場流行趨勢品味的觀察與研判，提升對市場的靈敏度。2000年起，啟動與英國設計師公司 (BS) 合作，委託其負責產品外觀設計開發的重任，台源公司再從 BS 設計師的草圖中，選擇數款重點產品，支付設計費，買斷設計圖，同時以其生產經驗開發商品模具原型及申請各國設計專利，以此模式生產能符合歐美消費者的需求，具有市場競爭力的商品。雙方確立合作模式之後，台源公司近年來所生產的板球門，球類造型氣泡椅（Bubble Chair）等系列產品不僅具備可吹氣且易攜帶外出功能，且具有特色，因而廣受英國 Common Wealth 和 Wal-Mart 等大型連鎖量販店之消費者歡迎。尤其是搭配 2006 年世界盃足球賽推出足球造型的 Bubble Chair 產品系列，在市場上更成為熱銷商品。

創新的產品設計亦需要有良好的品質控管制度配合才能確保產品品質。台源公司在轉型過程中曾經因產品品質出現問題，未能達到客戶要求標準造成客訴事件，因而企業形象受損，市場業績下滑，財務

利潤嚴重虧損。歸其主因在於合資生產廠商缺乏產品品質管理制度導致。

例如：2006 年時，因看好足球世界盃熱潮的話題性商機，台源公司委託英國設計師公司 (BS) 開發設計足球造型泡泡椅 (Bubble Chair) 產品，希望能夠為公司帶來銷售佳績。因為產品是以空氣填充的足球造型設計，球體黏接部份以及承受人體重量的核心部位必須長期承受重量壓力，才能耐久使用，而公司當時的黏合技術品質控管不佳，導致客戶使用後不久即出現產品漏氣現象，在上市前一年的產品的測試即經不起品質的考驗，初期產品瑕疵率高達 30%，因而必須付出約美金六萬元來賠償客戶之損失。

邱總經理體認到產品品質和技術突破對公司獲利和形象相當重要，乃決心投注更多資金和資源克服此產品瑕疵和技術缺口，在檢討此次事件後，決定推動生產工廠的品質管理認證，以解決產品品質問題。在取得提昇產品耐壓性的關鍵技術及與多家生產供應商合作反覆進行壓力測試之後，足球造型泡泡椅產品得以通過 SGS 認證，降低瑕疵率，終於獲得客戶的肯定。

台源公司以創新設計與品質維護作為企業轉型的營運的重點，其產品設計創意加上內部品質管理制度的強化，逐漸形成差異化的產品新價值優勢。取得轉型經營成果的績效之後，近年來，為避免傳統外銷貿易公司所陷入的價格紅海競爭之中，台源公司積極籌劃自創品牌 (OBM) 的擴展市場策略，期盼更貼近消費者需求和爭取更多的通路佈

置，提昇市場競爭力。在多方努力下，已擁有多項歐、美專利保護之產品設計，且創立 "INFLATABLE WORLD"、"FORTUNE" 品牌在歐、美、日市場註冊行銷，在中國大陸則以 "FUN 輕鬆"、"BEST 吹氣" 等自創品牌行銷產品。由於在全球之運動休閒用品市場創立自己的品牌，且擁有多項專利的產品設計經營策略，一方面保障產品之獨特性，並有利防止中國大陸廠商的仿冒，另方面也提昇了公司在市場上的談判籌碼，拉近與國外客戶間的談判地位；台源公司產品的獨特性與創新成為與客戶談判的主要訴求。如此一來，產品的價格利基，利潤空間也隨之增加。在30%~50% 利潤空間下，台源公司擁有是否接單的決定權。且即使產品生命周期步入衰退時，仍有產品專屬性優勢和專利保障。

台源公司的轉型經營策略改變了過去台灣出口貿易商對國外客戶一向處於弱勢地位及議價能力低的情況，因而跳脫以殺價為促銷手段的紅海市場，邁向經營的藍海策略。

為因應成為 ODM 供應商的能力要求，台源公司啟動與英國設計師公司的合作，透過樹立共同願景，以提升創新產品設計與研發能力。

四、嫻熟銷售簡報技巧，重視顧客關係經營

出口貿易商長期經營與客戶的關係對於國際貿易合約的持續非常重要，買賣雙方訂單合約的成交，產品價格或品質條件合意是基礎，然而，要能持續延長貿易合作關係，公司以客戶為導向的思維，主管與客戶間的私人情誼關係的建立更是重要的因素。

台源公司將客戶的關係管理視為經營的重要事項之一，邱總經理具有豐富的歐美貿易實際業務經驗，了解國外客戶的產品需求與各國文化風俗習慣，也要求與國外客戶接洽的員工要重視各國文化差異及必須不斷確認客戶的產品需求，務求服務周到。因此，自創業以來的國外客戶合作關係大多皆能延續，成為忠實客戶，也是台源公司主要的獲利基礎。

台源公司顧客關係經營的作法程序是，國外客戶接洽幹部透過實際拜訪客戶、明確了解產品設計概念與市場行銷活動的推展策略、作法等狀況，接著以此為基礎進行產品開模、原型 (prototype) 樣品製造，經客戶確認後，進行大量製造和出貨。且在設計與製造過程中，適時的讓客戶參與瞭解及提供改善意見，如此不僅可以減少產品開發與生產錯誤的風險，進而提昇客戶對產品品質的信任。

台源公司與 BS 設計公司合作協助下，更能及時提供歐美流行之禮品 (gifts)、玩具 (toys) 和運動休閒用品 (sports & leisure) 等相關訊息，使公司設計和生產之產品更能夠掌握歐美市場流行時尚，更能貼近消費大眾的需求。

基於多年與客戶貿易接洽的經驗，邱總經理要求接單之員工幹部在拜訪客戶之前，必需事先做好功課，演練銷售簡報，對扮演客戶角色的其他同事介紹銷售產品，採問與答 (Q&A) 的方式提出意見，以提高員工臨場反應能力，使員工更熟悉產品行銷技巧與重視客戶關係之經營。員工簡報熟練之後才能出場，以便能夠讓客戶能感受台源公司

對產品的專業程度及對客戶關係的重視。

邱總經理要求對於客戶的關係，要以朋友的心態經營，希望未來雙方的下一代也能彼此繼續在業務上合作的思維來對待客戶。台源公司也每年編列大量預算，積極參加世界與產品相關的商展，如德國杜賽道夫禮品展等重要促銷活動，以爭取客戶；由於勤於客戶聯繫拜訪、以產品創新與開發訴求、強調市場資訊與客戶共享等方式，既有的客戶關係穩若磐石，更因形成業界口碑，聲名相傳而增加許多新客戶。

台源公司目前採取接單後生產 (Bill To Order; BTO) 的貿易作業方式，為控制交貨品質與訂單數量的配置，採取分級制度；將合作之原物料供應商，依據供應商財務情況、生產設備、技術能力、容易溝通程度和人力資源等作為等級之判斷標準，分為 ABC 三個等級。例如，若供應商歸屬於 A 級廠商，且可以取得台源公司訂單約 40% 數量，台源公司會考慮以入股投資方式，增強雙方的合作關係。

台源運動休閒用品之產品銷售量占公司整體營收約 70%，供應商通常需要預先準備大量的 C 塑膠原料以應付 BTO 的生產方式。台源公司採取以資訊科技 (IT) 預估式的備料方式，參考上月份及去年度之訂單數量，提供予供應商備料數量準確之預估值，以降低存貨成本。藉由區分 ABC 等級的供應商分類、利用 IT 作業管理方式，台源公司得以控制在 20~25 天以內，快速將最新設計的商品供應到市場上。

由於公司不斷進行創新轉型，客戶的要求越趨多元及嚴謹，顧客

關係管理成為台源公司發展的命脈所在，因此該公司將顧客關係管理定位為全員必須致努力達成的終極目標。

五、執行產品全面品質管理與導入資訊平台系統強化全球供應鏈管理

台源公司推動的產品品質標準，隨其事業規模與市場逐步擴展，導入的品質制度，從最初的品質控制 (QC) 到品質保證 (QA)、至目前的全面品質保證 (CWQA) 制度及要求與客戶銷售接洽人員的各種作法，顯示台源公司相當重視產品品質管理與客戶關係的維繫；也因此能獲得客戶長期信任和享有業界良好的評價與商譽，並進而深耕歐洲市場。採取的 ABC 供應商分級制度對其產品品質的提升貢獻具有相當助益，透過採用 ABC 分級制度，公司可以依據客戶產品需求與供應商能力篩選供應商，取得最佳的原物料供應廠商。接著，依照台源公司、客戶以及歐盟市場之要求標準進行原物料入庫檢驗，原物料供應符合要求，才能進行產品生產程序。如原物料供應品質不符則退回供應商重新處理，並依原物料品質情況調整供應商等級。

如在生產過程中，產品發生不符合品質檢規定時，台源公司會依瑕疵呈現的情況分類，以「廢料處理」或再進行「產品修補」等處置反覆驗證程序，即使產品外部包裝的流程亦以同樣的標準要求，以確保所產品出貨的品質能達到客戶的要求，避免產品出口後發生後續的客訴和索賠等負面評價，損害企業聲譽。

台源公司的作法是從原物料供應的源頭即開始把關，透過分級制度掌控供應商原物料品質，在生產過程及出貨的每一重要環節皆有檢核的機制以確保產品品質能合乎客戶的要求，以便生產的產品具競爭力和能準確提供客戶所需產品。

例如，產品 PVC 原料，品質良好的 PVC 及一般品質 PVC 材料成本價格差異在 40% 左右。台源公司為能確保生產符合市場規範及使用安全之材質，寧願自行吸收成本，選擇品質較好，價格成本高的 PVC 原料為先，以保障消費者的安全。此種基於市場長遠發展，保障消費安全優先的考量，贏得客戶的信賴，創造了產品的高品質和高獲利的營運績效。

近年來歐盟市場為保護其歐洲在地廠商，對進口商品設置許多貿易及非貿易門檻障礙。例如歐盟實施 CE EN71(PART1/2/3) 法規，要求輸入歐盟的產品供應商生產流程必須達到法規規範之生產安全標準限制； 2005/84/EC 法規要求供應廠商所生產的玩具商品鄰苯二甲酸鹽之含量不得超過 0.1% 之限制，如無法通過商品檢驗標準的產品即禁止進入歐盟市場。

在歐盟法規限制下，台源公司也必須要求供應商在生產流程中的原物料和產品規格需配合安全標準、可靠度檢驗及符合環保規格規範，這些作業處理雖都使管理成本增加。意外的好處是，經過這些歐美日不同的認證制度規範，台源公司與供應商之間基於互利思維共同努力，建立良好的生產默契，更加獲得國際客戶信任，也因符合認證規範要

求，帶來更多訂單，營運競爭力大幅提升。

在競爭激烈且變化快速的禮贈品市場和運動休閒用品市場中，廠商要能夠即時因應市場反應，生產消費者所需之創意產品，即時吸引歐美日客戶釋單才能具有競爭優勢。所以廠商業者的生產流程時間壓縮與提昇作業速度為致勝之道。面對此情勢，台源公司也必須朝向更深化顧客關係管理，降低整體採購成本和營運時效，建立全球整合供應鏈的協同作業生產模式方向努力。

因此，台源公司決定進行下一階段的策略佈局，導入全球供應鏈管理制度 (SCM; Supply Chain Management) 中的 VMI(Vender Managed Inventory；供應商管理庫存系統) 網路平台系統，其目的在提昇與國外大型零售通路商客戶的合作關係和交貨速度；從中降低原物料前置時間和採購成本，強化物流和資金流動能力，提昇公司在全球供應鏈中的角色和地位。

以往傳統的生產供應作法是，客戶在下單之前常要求台源公司事先備料等候生產，以便下單後能有充分的原料即時生產，在時效內可以及時出貨；但等客戶正式下單時，所下的訂單量卻與備料數量通常會有差距，導致備料過多、倉儲成本上揚及存貨成本負擔。2006 年時，此類備料數量情況不斷發生，邱總經理乃決定向客戶額外收取因事先備料而提昇之倉儲成本，以彌補台源公司存貨成本的損失，但常因此影響客戶間的良性互動關係。

台源公司決定導入 VMI 系統即是為解決過去因備料過多造成的成

本負擔，且能整合上游供應商間關係，以「拉貨式」生產的作業來縮短原物料採購的前置時間，達到接單後快速反應（Quick response）及達到降低庫存成本的目的；透過電子化作業，提昇人員生產力和降低資訊溝通的誤差。然其缺點是各供應商之間的交易活動必須公開、透明，原先各供應商公司內部的一套作業流程可能涉及商業運作機密，也會因導入 VMI 系統而必須完全揭露。這可能影響到以往建立的交易與備料默契，但如各供應商公司不參與 VMI 系統的整合架構，即可能會在競爭激烈的國際供應商活動中，喪失提昇交貨速度及在國際化作業過程中可以掌握出貨優勢的機會，甚至影響台源公司在運動用品市場的全球供應鏈中的角色和地位。邱總經理在評估導入必要性和 VMI 系統對供應鏈發展之影響之後，決定順應潮流，推動導入 VMI，整合其全球供應鏈。台源公司實施 VMI 系統之後的績效證明，不僅採購成本降低，解決了備料成本負擔的問題，也更能快速推出新商品回應市場。

隨著事業與市場規模逐步擴展，該公司在品質制度追求，也從品質控制、品質保證一路發展至全面品質保證制度，下一階段更將導入全球供應鏈管理制度網路平台系統，以提昇與國外大型零售通路商客戶的合作關係，以期發揮與合作夥伴實現共同願景。

六、強化全球客戶關係管理，持續提升競爭優勢

台源公司以有效分配組織資源、擴充產品廣度和強化產品線內容

為策略發展方向，市場主要著重在歐、美、日、紐、澳等市場。近年來的主要行銷策略是針對各種世界運動競賽熱潮，順勢推出時尚流行的話題產品，例如：2008 年北京奧運、2010 年南非的足球盃的相關休閒運動器材產品。同時也積極佈局，以室內 Indoor Fitness / Yoga 相關產品進軍俄羅斯市場中高收入與高教育程度之消費市場。

在籌劃進入俄羅斯等新興市場時，台源公司也開始建立完善的客戶信用和付款能力之制度評估機制，以避免因缺乏安全的付款機制 (Payment)，造成在新興市場的虧損發生。台源公司深知，要能在國際市場的長期立足，保持競爭優勢，必須持續培養公司國際行銷和產品設計等創意人才幹部，才能擴大開發國際客戶關係和提昇企業內部新產品開發能力。台源公司未來的發展策略方向，除了持續深耕企業禮品市場與運動休閒用品市場外，也積極規劃將生產技術擴展應用至醫療護具用品市場。

台源公司發現到醫療器材產業之競爭態勢與運動休閒產業相似，經過審慎評估後，乃致力於在現階段培養自身能力，透過員工幹部專業能力訓練與國際化行銷能力提昇，產品研發設計技術能力的培養、致力發展下一階段的企業轉型策略，不斷的求新求變，掌握國際市場商機，建立持久的競爭優勢。

台源公司的作法是，密切與關係良好的歐美客戶互動，以取得歐美醫療用品法規之規定及瞭解醫療用品要求之品質標準規範等。在積極努力下，台源公司現已能運用其 TPU 最新環保材料的加工技術、研

發設計取代石膏固定用途的 Air Splint 護套系列新型醫療產品，用來解決受傷部位以石膏產品固定可能引發癢、腫等問題的困擾。此系列產品，結合既有產品技術的應用，依據多位醫生觀點和意見，進行產品設計和改良，能符合環保醫療產品的製作品質要求，現已進軍歐盟醫療用品市場，受到許多醫院的採用與肯定，為其企業國際化營運策略開創另一新頁。

綜觀台源公司的創業，成長，開拓海外市場業國際化經營活動，每一階段時期都面臨諸多的外在環境挑戰與考驗。台源公司總能積極面對，致力突破現有市場的疆界，敏銳的掌握市場趨勢與商機、運用研發與設計創新的核心能力，整合生產供應廠商，持續改善產品品質和重視顧客關係管理，跨入不同產業，且在從創業時期的 OEM 代工活動到發展成長的 ODM 代工設計產品，以及自創品牌開發新產品的 OBM，都能開創企業的新價值活動，不斷創造企業的生命活力。

展望未來，產品研發與創新是企業永續經營的命脈，台源公司必須能與時俱進，掌握市場脈動，結合新的資訊科技，強化設計能力，提昇技術品質適時推出創新設計的產品，才能回應多變的全球休閒運動產品以及醫療用品領域市場的需求。

第二節 智—台源個案重點作為

1. 台源實業股份有限公司於 1994 年創立，以禮贈品市場起家，創辦人邱總經理從事多年貿易業務的經驗，對於歐美市場消費者偏好、產品市場趨勢有深入了解。

2. 憑著過去在貿易公司所累積的人脈與良好關係，台源公司在競爭激烈的港商、韓商和台商等貿易商中，獲得法國家樂福公司的"Feasting Magic" 約四百萬美金的專案訂單。

3. 由於跟上游生產供應商們互動良好，願意延長台源公司之付款條件，並給予優惠的價格。讓其得以提供較具競爭力的價格取得訂單，奠定了個案公司在歐美市場經營的基礎。

4. 開始以合資方式投資互動良好的供應商，以提昇對產品品質的掌控與深化供應商關係。此時個案公司逐漸受到歐洲進口商的信賴與肯定，並成為各大企業在季度、周年慶專案的主要產品供應商之一。

5. 由於全球消費市場朝向運動休閒健康風氣需求大幅上升，個案公司決定轉型，由微利的禮品和消費性用品之市場降低營運比例，以 ODM 為主的方式開始轉型至運動休閒用品市場。

6. 由於運動休閒用品市場的成長趨勢與需求，個案公司加深與供應商的合作關係，尋求位於中國大陸的台商工廠，以合資模式進行

開發與生產。

7. 產品行銷通路上，個案公司委託歐美大型進口貿易商協助開拓市場，承接許多大連鎖百貨通路訂單。並開始產品創新設計，以強調專利設計與產品創意為主的企業經營模式。

8. 個案公司在全球布局的組織架構上，以台灣總公司(產品設計與營運規劃)為主，配合深圳(SZO)、上海(SHO)分公司(原物料採購與生產)，以及英國設計公司(BS-UK)(產品設計與開發)、香港(HK)印度公司(代工運動休閒皮製品)，各分公司各司其職，分工合作，密切搭配進行全球化佈局。

9. 個案公司生產作業方式，採接單後生產，並將合作原物料供應商進行分級制度，以控制交貨品質與訂單數量。個案公司將目前供應商區分為ABC三個等級，依據供應商易溝通程度、供應商生產設備、技術能力、財務情況和人力資源等作為等級之判斷標準。

10. 個案公司由於訂單量與要求客戶備料的經驗，造成備料過多、倉儲成本上揚和存貨成本負擔。為了改善與客戶間之關係，開始導入全球供應鏈管理制度平台VMI系統，有效提升並改善與客戶的合作關係與交貨速度，並且降低原料前置時間與採購成本。

第三節 智—台源之顧客雙贏願景建立

　　依據前述台源公司之個案描述及重點作為，可知台源公司在國際化佈局上，採取與顧客雙贏之合作模式，並且明確建立願景，其路徑歸納如下圖所示。

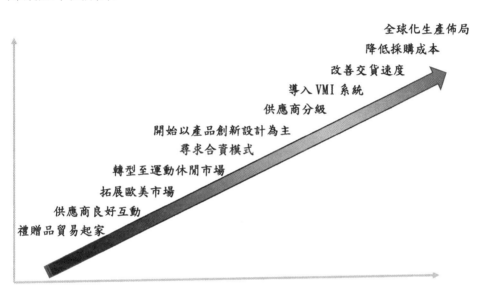

圖 9. 台源公司之願景建立

第四節 智—台源個案問題討論

一、 台源公司在五常德之仁義禮智信各有何作為？

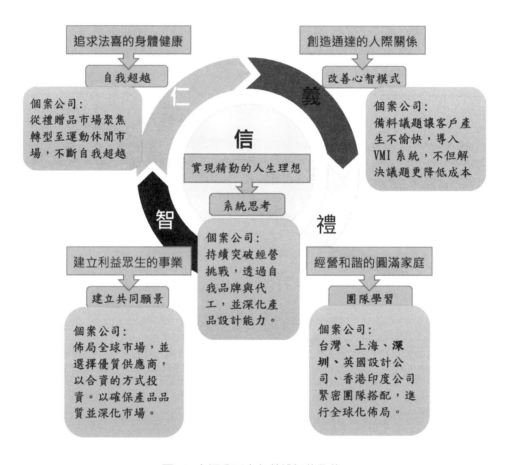

追求法喜的身體健康

自我超越

個案公司：
從禮贈品市場聚焦
轉型至運動休閒市
場，不斷自我超越

創造通達的人際關係

改善心智模式

個案公司：
備料議題讓客戶產
生不愉快，導入
VMI 系統，不但解
決議題更降低成本

信

實現精勤的人生理想

系統思考

個案公司：
持續突破經營
挑戰，透過自
我品牌與代
工，並深化產
品設計能力。

建立利益眾生的事業

建立共同願景

個案公司：
佈局全球市場，並
選擇優質供應商，
以合資的方式投
資。以確保產品品
質並深化市場。

經營和諧的圓滿家庭

團隊學習

個案公司：
台灣、上海、深
圳、英國設計公
司、香港印度公司
緊密團隊搭配，進
行全球化佈局。

圖 10. 台源公司之仁義禮智信作為

　　以下是台源公司在五常德之仁義禮智信之作為：

1.　「仁」：個案公司從禮贈品市場聚焦轉型至運動休閒市場，持續拓

展具有高利潤的目標市場，不斷自我超越。

2. 「義」：過去客戶下單前會要求事先備料，實際運作檢討後會有所差距，導致備料過多、倉儲成本與存貨成本提高。因此個案公司額外跟客戶收取損失，影響跟客戶間的良性互動。後來，個案公司轉念思考「改變心智模式」，導入全球供應鏈管理制度 VMI 網路平台系統，採取拉貨式生產的作業方式，解決了接單後反應速度與降低庫存成本的問題。個案公司透過心智模式改善，解決其所面臨的問題，並且創造跟客戶間更良好的互動與人際關係。

3. 「禮」：個案公司緊密跟全球夥伴搭配，進行全球化生產與佈局。其以台灣總公司為產品設計與營運規劃之核心，深圳 (SZO)、上海 (SHO) 分公司負責樣品開發與原物料成品採購、英國設計公司 (BS-UK) 以契約式合作方式，進行產品設計與開發、香港 (HK) 印度公司代工。個案公司落實團隊學習的分工協作精神，經營目標市場。

4. 「智」：個案公司對於其合作夥伴，除信任外，會採取合資模式，更拉緊與夥伴的關係。例如，個案公司在大陸有二家以合資模式進行產品生產的台商工廠；其他零組件和產品供應商約二十家左右。如此也能確保產品生產的品質，個案公司密切與各合作夥伴建立關係，建立共同願景。

5. 「信」：個案公司不斷尋求創新，避免落入價格戰爭，從貿易商與OEM 代工廠商貿易轉型成自行設計，以進行產品開發的 ODM 模式。透過不斷參展與培養員工對歐美市場消費者的趨勢與品味，

進行設計買斷、專利申請與模具開發，以生產符合目標市場消費者需求以及具有市場競爭力的產品。且近年來已邁向自創產品品牌的 OBM 模式，個案公司不斷突破經營挑戰，透過成功的系統化思考來拓展其市場版圖。

二、 台源公司對「智」之具體為何？

個案公司因應全球運動休閒用品市場的需求量提高，且未來有成長趨勢，更加深其改變經營型態與產品，著重運動休閒相關產品之開發，同時加深與供應商的合作關係。個案公司開始尋求與關係深厚的大陸台商工廠，採取合資模式，以投資額度約 60% 左右、約 600 萬人民幣之資本額，進行產品開發與生產。目前，個案公司在大陸有二家以合資模式進行產品生產的台商工廠；其他零組件和產品供應商則約有二十家左右，協助生產國外客戶所需產品。在產品行銷通路上，其採取委託歐美大型進口貿易商協助訂單接洽與市場開拓，承接 IKEA、HARROD'S、LITTLE WOODS、TESCO、DEBEHANS、MARKS & SPENCER、WAL-MARK 和 K-MART 等各大連鎖百貨零售業公司訂單。其產品特色則以塑膠製品 PVC 材質為材料，著重在開發具創意、創新及流行性的產品，包括：PVC 材質的充氣手袋、沙發、坐墊、背包等產品，擅於以精美的產品設計理念，結合流行時尚特色以滿足市場需求。

透過合資方式，個案公司拉緊與合作夥伴的關係，大家都有共同

的目標願景，並且能要求或確保產品品質，讓其產品更有市場競爭力，市場接受度也如預期提升。具體實踐關聖帝君所言之「智」，建立利益眾生之事業。

三、 台源公司在經營策略上，如何應用建立共同願景？

彼得・聖吉指出，如果你我只是在心中個別持有相同的願景，但彼此卻不曾真誠分享過對方的願景，這不算共同願景。當人們真正共有願景時，這個共同的願望會緊緊將他們結合起來。個人願景的力量源自一個人對於願景的深度關切，而共同願景的力量是源自於共同的關切。而人們尋求建立共同願景的理由之一，就是他們內心渴望能夠歸屬一項重要的任務、事業或使命。

許多共同願景是由外在環境刺激所造成的，例如競爭者。而像京都陶瓷的稻盛和夫則希望員工們要「向內看」，以發覺他們自己的內部標準。因此，外在與內在對於共同願景的建立一樣的重要。願景是令人歡樂的，它可以使組織跳出庸俗、產出火花。而企業中的共同願景會改變成員與組織之間的關係。它不再是「他們」的公司，而是「我們」的公司。共同願景是使互不信任的人一起工作的第一步，它產生一體感。而組織成員所共有目的、願景與價值觀，是構成共同願景的基礎（表3）。

表 3. 共同願景建立之三大要素

要素	定義	個案公司作為
使命	組織存在的理由	個案公司與其全球合作夥伴的存在使命，就是成為全球禮贈品與運動休閒用品市場最佳供應商之一。
目標	如何實現使命	為了實踐其使命，個案公司結合關係深厚的合作夥伴，包含原料、生產製造、設計等，共同開拓市場。
價值觀	為什麼值得去做	個案公司對客戶與合作夥伴的共同承諾，創造好的產品並拓展市場，以及其對於產品品質與創新性的要求，建立個案公司的價值觀。

四、 台源公司運用何種方法協助夥伴建立共同願景？

在現在的組織中，真正投入願景的人只有少數，而奉獻的人更少，大多數的人都還是在遵從的階段。所謂遵從就是：跟隨者依照既定的願景走，依照別人的要求做事情，雖然對於願景都有一定程度的支持，但並非真正的投入或奉獻。因此，必須協助工作夥伴建立共同願景。

以下幾個層級說明，成員對於組織共同願景的支持程度。

1. 奉獻：衷心嚮往之，並願意創造或改變任何必要的法則，以全心全意的實現它。

2. 投入：衷心嚮往之，願意在精神的法則內做任何事情。

3. 真正遵從：看到願景的好處。去做所有被期望做的事情，或做的更多。

4. 適度遵從：大體上，看到了願景的好處。做所有被期望做的事情，但僅此而已。

5. 勉強遵從：未看到願景的好處，但也不想打破飯碗。不得不做剛好符合期望的事，但也會讓人知道，他不是真的願意做。

6. 不遵從：看不到願景的好處，也不願做被期望做的事情。

7. 冷漠：既不支持也不反對願景，既不感興趣，也沒有幹勁。

在多數的組織，大部分的人對於組織的目標與基本法則，仍然還在適度的遵從，或真正遵從。而個案公司對於每個合作夥伴，皆能建立良好的關係。其透過合資的方式，尋找互動良好的供應商夥伴，進一步建立關係。具體而言合資後的夥伴，就是個案公司的組織一份子。在共同願景的導入上，是有其一致性的，並且達到真正遵從與投入的階段。

因個案公司在強調以人為本的經營態度及嚴格品質保證的企業文化基礎下，讓每個合資夥伴都具有一致性。並且透過企業堅持的共同願景：「成為歐、美、日、澳、中國大陸高檔休閒用品的主要供應中心」的理念與氛圍下，逐步達成個案公司國際化經營策略目標，並驗證今日事業的發展，除了機運以外，更有努力與策略的結合來實現目標。

個案公司正逐步實現「成為為歐美日客戶在高級運動休閒產品的主要供應商」的願景,並積極規劃自我品牌營運策略。在競爭激烈的全球產品供應市場中,占有一席之地。個案公司的經營成功,也能實踐關聖帝君五常德企業文化所揭示的奧義。

參考文獻

張燕梅(2008),SONY 的用人之道,https://bbs.yingjiesheng.com/thread-12796-2-1.html

以五常德之信
推動系統思考

第六章 以五常德之信推動系統思考

　　企業運作過程中，不論是日常例行性工作或是新的任務，都是在解決問題。然而，人們往往會因為以往解決問題過程所累積的經驗而形成慣性，導致面對全然陌生的新問題時，習慣依憑經驗行事，造成問題分析錯誤、解決方法錯誤而形成新的問題，最終陷入問題不斷之惡性循環。事實上，現今企業所面臨的問題往往起因於外在環境變遷劇烈所致，這些都是屬於系統性的問題，無法單純以過往累積的成功經驗加以解決。此時，必須從整體進行考量，跳脫線性思考的限制，以動態方法去思考問題，也就是系統思考的方式，克服思考盲點。本章以昔日相機底片龍頭柯達與富士為例，說明系統思考的運作如下：

　　在相機產業中，膠卷相機使用之彩色軟片的全球市場銷售量在2000年達到最高峰，2001年微幅下跌後稍微彈，接著便從2002年開始急速下滑，至2010年的短短八年期間跌幅高達90%，全球銷售量低於2000年高峰時之10%。與此同時，2002年，數位相機市場規模超越了膠卷相機市場規模，至2008年數位相機的全球銷售量已達1億2千萬台。緊接著，由於具照相功能的智慧手機迅猛發展，數位相機自2010年開始衰落，短短二年時間智慧手機全球出貨量已超越數位相機。由上述變化可知，自2000年以來的數位化技術發展，對相機軟片市場而言，可以說是一種顛覆性技術，任何商業巨頭都無法阻擋（日下泰夫、平坂雅男，2016）。

在這股數位化浪潮來襲之前，全球彩色軟片市場前二強—柯達及富士—的市場佔有率遠遠超越其他競爭對手，幾乎各自壟斷其母國市場（美國及日本）。其時，軟片銷售額分別佔柯達及富士的收入的72% 及 66%，由此可見數位化導致軟片市場衰敗對這二家企業的影響與挑戰何其艱鉅！此時的柯達與富士別無選擇，只能跟隨潮流轉進數位相機領域，但面臨的卻不是原來獨霸一方的熟悉市場，而是百家爭鳴的陌生市場，特別是需與Sony（索尼）、Canon（佳能）、Nikon（尼康）等大廠正面交戰。面對此一變局，二大企業都進行了某種程度的改革，但成效卻大相逕庭。截至 2012 年為止，富士轉型成功，市值達 126 億美元；柯達轉型失敗，市值僅剩 2.2 億美元，甚至申請破產保護。其實，柯達 1975 年就研發出世界第一個數位相機，也知道數位相機遲早將取代傳統相機，因此早 2000 年數位浪潮來臨前就進行轉型準備。1993 年柯達延攬摩托羅拉前執行長喬治・費雪（George Fisher）前來掌舵，費雪知道無法抵擋數位化浪潮，因此上任後積極整頓，先是將製藥等非影像部門裁撤，重新塑造柯達的商業模式，將柯達定位為影像公司，並認為原先的軟片與數位可以並存。他雖然也從外界聘用人才擔任高階管理人員以推動轉型，但仍遭受到以軟片業務升遷的中階主管的抗拒，就是因為這種企業慣性，而令柯達的改革無疾而終。

傳統相機軟片市場二大巨頭柯達及富士同時面對市場的激烈變化，雖然都已預料到軟片的未來發展也都進行了事先的防範與轉型措施，但由於柯達的中高階管理者未能全面地進行系統思考，雖然重塑

了商業模式，但仍然將柯達定位為軟片與數位雙軌併行的影像公司，因而導致轉型未竟全功。

　　至於柯達軟片的最大對手富士軟片，其應變策略也極為相似，雖然改革比柯達晚了十年，但結局卻大不相同。古森重隆於 2003 年擔任執行長後也立即進行改革與轉型，運用大筆經費瘦身與裁員，不同於柯達的是他不再堅持影像事業，而是進行多角化經營。對比之下，經濟學人雜誌形容在這場轉型過程中，柯達表現的像是一間刻板的日本公司，富士卻表現的像是一家靈活的美國公司。2004 年富士於公司成立 75 年之際推出了名為 Vision 75 的六年願景計畫，先是透過縮減生產線並關閉閒置多餘設施來重整底片業務，並注資持續研發數位相機。後來發現這種雙軌策略無法讓富士重起死回生後，立即改弦易轍，重新思考公司發展方向。富士採取的第一步是盤點公司的技術，第二步再將這些技術與國際市場的需求進行比對，試圖以全新的系統思考模式從中尋求未來的發展契機。經過長達一年半的嚴謹技術審查，研發部門列出了公司的核心技術。這個時候，古森重隆從中發現該公司的技術可以運用醫藥、化妝品甚至是機能性材料等領域的產品，從此開啟了富士公司的大規模創新與多角化經營。以化妝品事業為例，富士研發部門發現底片和皮膚的構造不僅同樣都有膠原蛋白，就連其底片的氧化過程和皮膚的老化過程也極其相似，而從膠原蛋白提取出來的明膠是化妝品的基礎成份。富士於是在 2017 年跨入化妝品產業，推出以 Astalift 為品牌名稱的系列保養化妝品，開啟了多角化創新之路。

富士軟片公司面對變局時，當最初的雙軌策略無法奏效後，並未急就章地改弦更張，而是重新盤點自身的核心能耐，跳脫習慣性思考的陷阱—在熟悉的領域中找解方，透過系統性思考釐清專業技術可資應用的領域，從而擴展了該公司多角化經營的新時代。

由上述柯達與富士的案例對比可知二者早期的發展路徑極為相似，但後期則因策略選擇的不同而有天壤差異，究其原因乃在於二者的系統思考差異而導致的「蝴蝶效應」所致。此一理論起因於 1963 年美國氣象學家愛德華·洛倫茲（Edward N.Lorenz）在一篇論文中以二個只有細微差異的數字輸入模擬地球大氣的方程式中，計算結果卻產生了極大的差異。據他自己的說法：如果這個理論是正確的，那麼當一隻海鷗拍動翅膀時就可能會永遠改變天氣變化；在這之後，他將此一比喻改為蝴蝶。此後，「蝴蝶效應」被廣泛指稱為具有下列特性的現象：看起來微不足道的事件會導致整個系統的顯著改變。

以柯達而言，1975 年研發出世界第一台數位相機，一開始似乎對傳統膠卷產業及世界沒有任何影響，但在 25 年後顛覆了世界相機產業，同時也危及自己的生存。其次，面對數位浪潮，柯達雖有因應策略，但仍堅守影像產業，富士軟片卻選擇從新思考而更弦易轍進行多角化。在公司漫長的營運過程中，時常面臨決策難題，以上這幾個抉擇看起來只不過是眾多決策之一，但後續引發的效應卻決定了公司的命運，相信當時二家公司的決策者也萬萬沒有想到後續的漣漪效應如此驚人的發展。

　　由上述案例可知，建立「系統思考」的目的在於面對複雜性的挑戰尋求徹底解決問題之道，而其要訣在於先深入理解狀況與事件的來龍去脈，再歸納出各種事件發生的模式，接著找出問題本質對症下藥，最後則由整體視野採取長遠的應對策略。以下我們將以一家中小企業為例，詳細說明該企業如何建立以五常德文化為基礎的「系統思考」模式。

第一節 信—環久個案概述

　　台灣於 1960 至 1980 年代經濟突飛猛進，工業部門及服務業佔 GDP 比重雖然自 1961 年開始至 2002 年均雙雙成長；但工業部門僅自 26.57% 成長至 31.05%，而服務業則從 45.98% 成長至 67.10%，雙方最接近的時間點是 1986 年的 47.11%：47.34%（李怡璇，2004）。代表在此之前工業部門的每年平均複合成長率高於服務業部門，在此之後則服務業明顯高於工業部門。由於服務業迅速興起，吸納相當多人才，1980 年代中期開始，台灣面臨產業結構大幅度變化，致使傳統製造業人力極度短缺。有鑑於此，行政院勞工委員會遂於 1989 年制訂政策開放外籍移工來台工作，以解決產業人力不足的問題，其後於 1992 年起，又開放引進外籍看護工與外籍家庭幫傭，以解決人口老化而逐漸增加的照護需求。由於傳統產業及家庭極需引進外籍移工，又無從自行辦理人才引進，因此，人力仲介服務行業即應運而生；由於需求殷切，吸引許多業者紛紛投入此一產業。然而，開放初期因供不應求，匆忙搶進市場的業者之素質良莠不齊，少數不肖業者的不當行為經常成為新聞頭條，導致社會各界對於人力仲介業產的觀感並非完全肯定。環久國際開發有限公司公司熊總經理在產業界經營多年，上下游合作廠商都是傳統製造業居多，因此對於產業發展歷程極為清楚，同時也對人力仲介業之市場需求及面臨困境有其獨到見解，認為為人力仲介業應該以一個以「人」為本、以「服務」為重的產業，方能獲得社會的認同。於是，在秉持服務合作廠商的初衷下，於 1993 年成立環台國際

事業股份有限公司（環久國際開發之前身）為國內廠商進行人力資源規劃，2000 年併購忠盛國際人力仲介有限公司及 2012 年再增設環久人力資源有限公司，除了擴大為客戶服務外籍移工，更協助台灣年經人出國打工、遊學、就業等等，以期擴大年輕人的國際視野。環久國際自成立以來，即秉持著「以人為本、以服務為重」的理念，一路走來始終如一，熊維舒總經理於 2007 年被同業共同推舉當選為台中就業服務商業同業公會理事長，於 2022 年更上一層樓當選中華民國就業服務商業同業公會全國聯合會理事長，其經營六大核心要素為：

公司理念 (Philosophy)：以人為本、以服務為重

公司願景 (Vision)：唯一的環久。

公司使命 (Mission)：仲介業的楷模、服務業的標竿。

公司目標 (Goal)：持續改善、追求卓越。

公司策略 (Strategy)：誠信、專業、服務、創新。

公司文化 (Culture)：惜緣、感恩、回饋

環久國際起因於創辦人盱衡產業及社會環境變化後為因應未來需求而創立，因此在創業之初即已對於產業面臨的政策、經濟、社會、科技等層面進行系統性分析與思考，對於產業之發展機會與威脅進行完整分析後，制定出公司的願景、使命、目標與策略。

由於製造業產線人員或家庭照顧員的市場需求極大，隱藏龐大商機，於是業者競相投入，導致人力仲介市場競爭異常激烈，最後形成

大者恆大的局面，小型業者專注於利基市場尚有存活空間，中型業者處於兩難局面生存相對艱辛。在如此激烈的競爭環境之下，環久國際運用新 7S 原則來創造其優勢能力，並把握機會尋求適當時機，以專業仲介服務業為公司的定位，並致力於在市場中爭取成為領導角色，所以公司願景就是透過其獨特的定位在業界做到『唯一』。正由於公司要做到與眾不同的唯一，其公司使命即是成為人力仲介業的楷模以及服務業的標竿。準此，公司的目標就必須要求全員持續改善及鼓勵員工再進修以追求卓越，要達成這二項目標，其策略是要以誠信、專業、服務、創新做為公司的競爭利器，以有別於其他仲介業者的單純生意作法。除了優質的服務之外，對客戶態度誠懇、講求信用更是能否獲得客戶信賴的主要原因，環久國際正是以誠信維持它在業界得以屹立不搖的地位與商譽。其次，環久國際剛創立不久即已預見將來高階人才的仲介是人力仲介重點業務之一，因為當時許多國內企業赴大陸投資設廠，急需台灣管理人員。然而，該市場雖有一定需求，但透過傳統招募方式，不僅費時費勁，成功比例也不高，專業仲介公司有機會促成高效招募。此外，做為一家專業的人力資源公司，需要不斷開拓海外移工的輸入管道，確保人才資源不虞匱乏，才能在企業客戶有人才需求時迅速且有效地為客戶面對各類型人才時提出整體解決方案。因此，環久國際主張為企業客戶所提供的服務不應該只是單純地仲介人才而已，如何讓其所仲介之人才符合企業需求，是仲介公司必須承擔的責任。有鑑於此，環久國際充份運用學術界及產業界公認的各種職涯興趣測驗表來瞭解人才的人格特質，為其安排適才適性的工作，

此便成為環久國際提供客戶服務時的一大利器。除了以上所述，身為一家專業的人力資源公司，環久國際深知若能善用其已精熟的人才測評專業，形成一套完整的系統工具幫企業客戶開發其內部人員的潛能，不僅可以提升環久國際的企業功能以提供更具深度的服務，也能讓環久國際以及整體人力資源發展產業更具有發展前景。如前所述，環久國際運用新 7S 原則來創造其優勢能力，此一新 7S 理論就是環久國際奉為圭臬的完整系統工具。

傳統人力仲介產業集中於滿足製造業產線人員及家庭照顧員的市場需求，導致競爭異常激烈，環久國際綜觀產業態勢後除由內強化企業體質外，並積極加強整合產業之上下游價值鏈，以創造爭優勢。

D'Aveni 於 1998 年在《華盛頓季刊》發表的〈超競爭時代的覺醒〉一文中提出的是：現代的組織非常擅長制定面對當前環境的競爭策略，但卻疏於創造下一階段的競爭優勢，在超級競爭的環境中，這對企業而言是相當嚴重的致命傷。所以，企業必須建立一套指導方針，不僅要為未來市場變革提供願景，也必須為建構實現願景所需的能力和策略，新 7S 原則就是一套足資運用的指導方針，其內容包括：

1. 利害相關者滿意（Stakeholder satisfaction）

2. 策略預測（Strategic soothsaying）

3. 迅速出擊（Speed）

4. 攻其不備（Surprise）

5. 改變規則（Shift the rule of the game）

6. 宣示策略意圖（Signal the strategic intent）

7. 同時或陸續策略突擊（Simultaneous or sequential strategic thrust）

以往企業經營面對的是靜態環境，企業往往以獲利及股東權益為第一優先考量，但在全球化浪潮下之超級競爭環境中，當企業與對手短兵相接時，顧客往往是決定勝負的關鍵，唯有能吸引顧客、讓顧客滿意的公司，才能立於不敗之地，不被市場淘汰。身處第一線的員工因為和顧客頻繁接觸，所以較管理階層更為瞭解顧客在當今環境中需要什麼。因此，對於企業而言，顧客及員工是相當重要的利害相關者，唯有讓他們滿意，才能讓企業發展順利。

由於人力仲介業所處產業正是超優勢競爭一書作者 D'Aveni 教授所描述之競爭激烈環境，而企業客戶之要求相當多元，人力仲介業員工也必須頻繁與企業客戶進行溝通協調，故環久國際若要持續發展就必須提升其利害相關者滿意（stakeholder satisfaction），亦即必須開發新的方法、新的服務來滿足客戶需求或是聆聽客戶的意見以改善或增加產品與服務。依 D'Aveni 所言，由於高階管理者與客戶互動的機會較少，所以很難提出真正有用的創見來提升客戶服務。因此，企業若要找出新的想法，管理階層就必須充份授權基層員工去自主創造新的流程、方法和產品來進行客戶服務（D'Aveni, R. A. 1998).。以下八點即是環久國際為了提升其利害相關者滿意所實施的策略：

1. 爭取評鑑佳績、提昇自我競爭力

　　政府為健全人力仲介產業發展，針對登記在案的人力仲介公司進行定期評鑑，環久國際在 2,000 餘家人力仲介公司中連續多年獲得勞動部評鑑 "A 級" 的最高榮譽。這項評鑑的內容包括員工的教育訓練、服務流程與管理、行政管理與創新作法、異常事件處理等項目，代表環久國際在各項考核皆獲得優異成績，在業界建立起優質的品牌形象。環久國際並不以此為滿，仍持續精進，以獲取更多殊榮為目標，讓公司的制度與品質能夠廣為週知，期盼給予企業客戶與家庭顧客更多的服務與保障。

2. 嚴格篩選外籍移工，確保人才品質

　　由於國情不盡相同，環久國際對於來自菲律賓、泰國、印尼、越南等四個國家的外籍移工採用不同的篩選方式。以菲律賓及泰國而言，因為環久國際與當地的人力仲介業者已有相當長的合作關係，當地合作公司已經完全瞭解環久國際所需之人才類型及所需具備之職能條件，所以環久國際不需要派遣人員至菲律賓及泰國進行移工的篩選及協同訓練，完全委由當地合作業者進行。至於印尼籍移工的引進，則是由當地人力仲介公司主持篩選及訓練，環久國際派駐人員配合其進度給予必要的指導。越南籍移工的引進則較為特殊，因為台灣對當地人力需求殷切，而當地人力輸出亦極為蓬勃，故環久國際直接在越南設立訓練學校。有意應徵至台灣擔任外籍移工者先經第一階段篩選進

入培訓學校，再依照其在校之訓練成果、學習狀況以及配合度等等條件進行第二階段篩選，最後才將適合的外籍移工引進台灣。環久國際之所以對於這四個外籍移工來源國採取相異的篩選方式，主要是希望外籍移工能夠確實勝任雇主要求的職務，以提供企業客戶及家庭客戶較高品質服務，以提升客戶之滿意度。

3. 建構員工教育訓練制度

　　為了提升員工的工作知能，環久國際在企業內部推動「終身學習護照」，每年依照員工人數規劃教育訓練經費，除了於公司內辦理教育訓練外，也會依照公司需求派遣適當人選至外部專業教育訓練機構參訓。為落實教育訓練，結訓後會舉辦專業考核以進行訓練成果驗收，並要求參訓者進行成果分享，此外公司鼓勵資深員工在職進修並提供獎學金。此項制度設計的目的是冀望透過專業教育訓練以提昇員工的專業技能，以維持員工對客戶服務的品質，為顧客及外籍移工提供更精緻的服務。

4. 瞭解外籍移工的工作適應

　　由於環久國際服務之客戶眾多，且性質各異，因此每個月都會派遣通譯人員至客戶處瞭解外籍移工的工作、生活適應情形。同時建立Line 的組群，讓外籍移工在平時遇到工作上或其他生活問題時，可以隨時聯繫通譯人員，由通譯人員給予必要的協助。為了增進服務品質，

環久國際會向客戶及外籍移工定期進行滿意度調查，再依據滿意度調查表的結果進行分析，探討原因並提出改善之道。

5. 設置危機處理機制

　　由於外籍移工與雇主之間難免會因認知及作為上的差異而導致糾紛，因此環久國際特別成立一個常設 24 小時的危機小組，並設置專門的人員處理該公司客戶之外籍移工對其提出之申訴案件，同時也受理其他仲介公司委託的傭雇之間的申訴案件。由於環久國際會仔細研究每一件申訴案的來龍去脈，盡力發掘事情真相，因此申訴案件的獲勝率將近 90%。每一件個案處理完畢後，即將處理過程詳細記錄存檔以作為日後教育訓練教材，讓受訓員工一起探討個案是否能有更周全的預防措施與處理方式，以求減少類似事件的發生，並將較佳方案與客戶共享，此一貼心舉動頗受客戶的信賴與支持。

6. 提供高階管理者之仲介服務

　　由於 1990 年代以來台灣許多產業紛紛往海外移轉，包括中國大陸與東南亞國家，對於理級以上高階管理人才需求極為迫切，自行培養緩不濟急，因此需要藉助人力資源仲介協助。雖然環久國際一直以來的業務是為客戶引進基層人員之仲介服務，但因環久國際負責人過去擔任企管顧問，對於高階管理者所需具備之條件與能力有相當程度的瞭解，因此於公司業務穩定後，也開始提供高階管理者的人力資源仲

介服務。由於當年任企管顧問時主要以輔導紡織業與鞋業為主，而外移產業也以此二者為大宗，因此俗稱「獵人頭」之高階人才諮詢顧問業順勢成為其新興事業之一。

7. 提倡內部創業

近年來，國際間相當流行的內部創業，指的是企業鼓勵有創業意願的員工在企業的資源支持下，將原屬於企業內部的某些業務獨立出來成立新事業。由於原企業為新事業之股東，故原企業可以透過分享新事業的創業成果而擴大營業規模與範疇，又可以協助員工成就一番事業，可謂一舉兩得。

環久國際基於愛才之心，因此也積極提倡內部創業，鼓勵有意願創業的員工發揮自己的創新能力去開展自己想做的事業。環久國際透過此一制度不僅可以留住優秀人才，也能充分激發企業活力，藉由員工的創意跨足不同領域，進而開展多角化經營的契機。

8. 創立員工分紅入股制度、增加員工向心力

過去數十年來，高科技產業為留住人才，紛紛推動員工分紅入股制度，其基本概念是：企業必須依賴員工才能透過產銷人發財等企業功能將產品或服務提供給顧客從而實現利潤，因此員工既是企業的無形資產，也是股東的夥伴。為了留住人才，以利企業長遠的發展，透過員工分紅入股制度得以讓員工分享企業的經營成果，員工一旦成為

合夥人，即能積極為企業的發展而奮鬥。由於此一制度已風行數十年，且有無數成功案例，環久國際遂於 1990 年代末也開始實施員工改良版分紅制。公司員工無須支付股金即可配發公司股份紅利，並依照員工的階級、年資、工作表現做為紅利分配之標準，此一分紅入股制度實施之後，不但增強了員工對公司的向心力，同時也有效地降低了員工的流動率。其次，除了固定的員工福利之外，環久國際還從每年盈餘中另外提撥一筆國內、外旅遊、餐敘基金，免費招待員工旅遊，以獎勵員工的付出與辛勞。

在策略預測 (Strategic Soothsaying) 方面，環久國際的做法是在客戶提出要求之前，先瞭解他們可能會有哪些的新需求，然後事先創造出新需求所需的產品或服務。以人力仲介產業來說，面對眾多的競爭者，客戶的選擇相當多元，此時若想從競爭中脫穎而出，就必須預料到競爭者若不是削價競爭，就是各出奇招；而客戶的要求也會越來越多、條件越來越高。因此，就必須先想定未來客戶需求會是什麼樣貌，預先規劃設計好備案以應對這些需求。環久國際所用的方法就是以上所說的建立外籍移工篩選機制，確保人才品質、爭取評鑑佳績、建立員工教育訓練制度、創設海外培訓學校、新創高階管理仲介服務等等。例如，在客戶還沒嚴格要求移工品質時，環久國際就領先同業建立篩選及品保機制，當客戶開始全面要求移工品質時，環久國際就能快速地提供客戶需求的服務。就是因為策略預測的成功，使環久國際能夠比同業中發展得更為迅速，也令同業瞠乎其後。然而，在超級競爭環境中，客戶的滿意度並不是靜態的，而是隨時隨地都在變化的，所以

絕對不能滿足於當下客戶的滿意度以及市佔率，而是必須持續運用策略預測瞭解客戶未來的需求甚至是未來的潛在顧客何在，才能掌握未來的市場。

在迅速出擊 (Speed) 方面，指的是企業必須快速回應外部環境的變化，以符合消費者需求，因此組織必須發展出可以隨時做出改變的能力提上策。更重要的是，企業須有能力比競爭對手更早找到新的機會以及新的發展方向，以擺脫對手的糾纏。面對瞬息萬變的移工政策與市場，環久國際公司從上到下都體認到該公司的所有優勢都是暫時，全員集中心力發展快速行動和改變的能力，所以該公司的策略得以快速地在舊的優勢基礎上建立新的優勢。為了達到更快的回應速度，環久國際不惜費時費勁重新調整組織架構、改善公司運作模式以及優化個人行為，運用扁平組織以及團隊運作的結構取代傳統的層級架構，以求快速決策及行動。日常運作模式也經過流程合理化甚或再造，遇有程序中閒置的人力則彈性移轉至其他工作小組，以使工作負荷得以平衡。由於以上的調整與改善，環久國際的組織文化以及個人行為也悄悄地產生了微妙的變化，員工更投入工作，小組團隊工作的進行更加順暢，凡此皆有效地提升了公司的快速行動能力。由於不斷往前進步，環久國際的服務和業務遙遙領先競爭對手。

攻其不備（Surprise）指的是企業必須增強自己一拳擊暈競爭對手的能力，以便在競爭對手反擊之前建立起優勢地位。要擁有這種能力，企業就必須具備靈活度及創造力以應付詭譎多變的環境，因為惟有在

完全出乎意料的情況下才能達到真正的攻其不備。環久國際在經營上因具備靈活度及創造力而提出的創新包括：

1. **創設越籍移工訓練學校**：由於越南移工之供需市場相當龐大，每次往返招募之成本過高，因此環久很早即在越南設立外籍移工訓練學校，以節省招募成本。該訓練學校接受公開報名，經徵選後錄訓，入訓後再經過一個星期的觀察期，合適者再正式接受一個月的培訓，在訓練學校中同一時間內共有 500 餘位各期學員接受訓練。結訓之後，所有受訓者必須接受測試其配合度及學習狀況，依照企客戶的需求挑選適合該企業的人選。

2. **提供外籍移工文康活動**：由於外籍移工在異鄉工作，不一定能夠很容易融入在地社會，因此環久國際為其仲介來台的移工提供各類型文康活動，包括，贈送藤球、提供書報雜誌、舉辦戶外郊遊、重要節慶舉辦慶典等。

3. **加強外籍移工安全講習**：外籍移工進入職場後，雖然受雇公司也會也排職業安全講習，但環久國際為使移工對在台生活及工作更有保障，因此提供更多元的安全講習，包括，宣導交通安全、宣導台灣各項風情民俗、辦理工業安全講習課程，減少職災發生。

4. **成立策略聯盟強化競爭力**：環久國際與忠盛人力仲介進行策略聯盟，成為少數能夠同時為客戶提供「基層人力仲介」及「高階人力資源管理顧問」多元服務之領導公司。

5. **提供外籍移工在台服務**：為使來台移工安心工作，提供全方位的服務，包括：來台前加強職前訓練、詳細告知工作細節及工作環境情況，來台後進行外籍移工滿意度調查及缺點之檢討改進、關心外籍移工身心並給予所需輔導諮詢，遇有狀況時設立外籍移工申訴專線、協助處理外籍移工職災、理賠爭取、以及性騷擾案件。

6. 除上項服務外，更協助在台工作期間表現優異外籍移工，爭取申請政府機關每年於 5/1 勞工節可上台接受表揚，藉此激發外籍移工榮耀感暨更佳工作表現。

7. **持續瞭解外籍移工適應狀況**：為追蹤並關心瞭解外籍移工在職場及日常生活之狀況，聘用外籍通譯人員每月巡迴訪視外籍移工之工作情況，外籍移工遇有問題也可以隨時用 Line 與通譯人員聯繫。此一措施為 24 小時服務制，客戶或移工如有任何狀況均可馬上通報。

8. **公司實施員工分紅制度**：(1) 公司提供一定比例盈餘，依照員工之階級、年資、工作表現無償配發股份紅利給予員工以為獎勵。 (2) 由公司盈餘中另外提撥一筆金額納入國內、外旅遊暨餐敘基金，每年均舉辦 1 次海外旅遊及 1~2 次國內旅遊，旅費由基金補貼，不定期舉辦餐敘拉近勞雇關係。

如前所述，由於人力仲介業者良莠不齊，企業客戶心態各異，少數仲介業者及企業客戶會給予外籍移工不平等的待遇，例如，苛扣薪資、伙食粗糙及住所簡陋等等，使得人力仲介業者名聲不佳。環久國

際為了導正行業中不良行為，首開風氣之先，將外籍移工視為顧客，在他們來台之前及之後給予更多的資源及關懷。例如，對外籍移工的進行訓前篩選、訓中評核、職前訓練，並預先教導台灣的生活知識，以協助移工及早習慣在台生活。當外籍移工進入台灣後，環久國際也持續關懷他們的工作與生活狀況。以上種種作法，是以往許多仲介業者無法做到的，也是環久國際領先同業的關鍵成功因素，更是環久國際屢獲勞動部優良評鑑肯定的原因所在。

在改變規則（Shift the rule of the game）部份，台灣人力仲介業的傳統營運模式分為二種，第一種是：先透過外國的合作通路尋找有意來台的移工，為移工進行簡單的講習或者授課後，同時透過台灣的合作通路尋找台灣有需求的雇主，找到之後隨即安排來台工作，之後即由外國仲介收取仲介費及台灣仲介每月收取服務費。第二種模式則是：在台灣的雇主提出用人需求並開出用人條件，人力仲介公司接受雇主委託後，即透過國外當地的合作管道尋找適合的人選，再依照雇主要求提供應徵者培訓課程以符合這樣的需求，訓練完畢之後隨即安排來台工作。至於來台工作之後的工作與生活管理，則由用人單位負責。由於仲介公司事前沒有給予充分的教育訓練，也無法顧及外籍移工在本地的生活照顧，因此外籍移工心理調適問題時常沒有得到協助。環久國際服務對象之所以沒有這種問題，是因為該公司改變了行業的運作規則，其改變規則的做法可以分成三個部份。

（一）環久將外籍移工當作是異鄉來的朋友一般予以協助，協助他們進

行在台生活的調適及品質的提升，即是最大的規則改變。

（二）環久對海外的通路（包括泰國與菲律賓的仲介業者）先是採用合作夥伴的關係，其後雙方合作無間，環久國際給予對方分紅入股，讓他們成為股東，亦即利害關係人。由於這些合作夥伴成為股東後，因為有共同創業的參與感讓他們彼此產生緊密共生、具有共同利害關係的認知。如此一來，這些海外仲介通路就會比較盡心盡力進行外籍移工篩選，以維持移工品質。

（三）環久國際一直以來極為重視客戶對移工的要求，因此，很早就已建構自己的移工教育訓練體系。而其教育訓練之所以能夠徹底執行，原因在於環久國際慎選外籍移工的政策使然。該公司透過篩選應徵者、試訓一星期、培訓後測評、依測評結果媒合雇主等四道關卡來確保人才符合雇主要求，因此其選送來台之移工素質自然較其他業者來得好，因而形成其競爭力。

不僅如此，當環久國際將外籍移工引進台灣之後，還制訂了一套二階段服務。第一階段就是建立移工的績效考核制度，以瞭解個別移工之工作表現，作為未來續約依據。第二階段是，定期為外籍移工進行教育訓練，讓他們能夠及時吸收新知以因應工作及生活所需。由於透過以上種種領先的服務，從招募源頭到工作效益，將整個外籍移工仲介業的營運模式加以改善，不但改變了競爭規則，也將運作流程加以合理化、系統化，提升了該行業的營運。

在宣示策略意圖（Signal the strategic intent）方面，環久國際於

2000 年初成功地與忠盛人力仲介公司策略聯盟，同時具備「人力仲介」及「人力資源管理顧問」的多元業務公司，跨足經營高階人力資源發展業務。以往人力仲介都以基層人力為目標，高階人力則有俗稱的獵人頭公司執行，且大部分是由大型跨國公司或企管顧問公司進行，環久國際嘗試將這二個目標市場整合，改變人力仲介業的市場規則，更於 2012 年因應市場需求設立"環久人力資源有限公司"，協助台灣年經人出國打工、遊學、就業等多元項目，等於宣示人力仲介這四個字不再只是代表從事基層移工的仲介業務，而是代表全方位的人才仲介行業。

就企業發展而言，如何進行系統思考是最為困難的議題，新 7S 原則中的第一項：令「利害相關者」感到滿意，就是系統思考的最佳依據；因為當企業經營能夠讓所有的利害相關者感到滿意，就表示該企業的所有作為都已經做到面面俱到。環久國際從「利害相關者」的角度出發，有效運用、發揮新 7S 原則，制訂出一系列的策略與措施，從而實現了全方位人才仲介的轉型升級。

綜合以上所述，環久國際在業界競爭中採取了同時或陸續策略突擊（Simultaneous or sequential strategic thrust），而其策略的重點措施雖然都在一個一個逐步改變業界傳統的經營模式，但其作法對業界而言卻是出其不意的策略突擊。其核心變化在於該公司對以尊重朋友而非上對下的方式對待外籍移工，也因為該公司的逐步改善策略使其在引進外籍移工的程序上增加了許多其他業者所沒有的細節。原本引進外

籍移工的用意在於解決國內人力資源缺乏的問題，若移工來台後不能發揮所長，反而衍生問題，豈不功虧一簣？採用傳統經營模式的業者往往忽略了外籍移工的身心問題，環久的策略其實不複雜，主要在於能夠幫助外籍移工盡速學習到新知識以適應台灣的生活。由於減少外籍移工在台的環境適應問題，同時也讓外籍移工有了能夠成長的空間，因而使環久國際擁有更強大的競爭優勢。

第二節 信—環久個案重點作為

1. 因應產業結構改變的人力短缺問題，在人力仲介業成立後素質良莠不齊的業界環境，促使個案公司成立，並且為人力仲介業以「人」為本，以「服務」為目的的理念下，為行業注入一股清流。

2. 公司希望以『唯一』為願景，現階段策略是依照公司的四大基石：誠信、專業、服務、創新，作為基礎經營策略。

3. 一般公司的優先順序，經常是公司股東第一、員工第二、最後才是客戶。而個案公司完全以客戶為第一優先、傾聽客戶的意見來增加產品與服務。

4. 個案公司於菲律賓、泰國當地人力仲介公司合作許久，嚴格篩選外籍移工，確保勞工品質。並在越南設立訓練學校，外籍移工會依訓練成果、學習與配合度，擇優引進台灣。

5. 實施本國員工終身學習護照暨鼓勵員工至高等院校再進修，並將多變法規政策融入教案於會議、教育訓練適時宣導，除外籍移工品質外，個案公司也積極提升本國員工專業素質，提供顧客及外籍移工更好的服務品質。

6. 個案公司除基層人員之仲介服務外，因應市場的需求，也提供年輕剛畢業求職者、高階管理者之仲介服務。

7. 個案公司提倡內部創業，讓有創業意願的員工可以開拓自己的事

業，同時幫助公司留住優秀人才，並充分激發內部活力，與擴大策略規模。

8. 個案公司讓員工分紅入股，成為合夥人，增加員工對公司的向心力，並使員工合理分享企業經營成果。個案公司實施員工變相分紅制度，紅利分派以員工的階級、年資、工作職掌能力為配給標準，分紅制讓員工對公司的向心力增加，同時也降低了員工的流動率。

9. 個案公司做經營上的創新，包括設置外籍移工訓練學校、提倡外籍移工正當娛樂、加強外籍移工安全講習、提供外籍移工在台服務與持續追蹤關心外籍移工身心健康狀況等。

10. 傳統人力仲介公司是把外籍移工當物品買賣，個案公司是把外籍移工當朋友在協助。並且對於海外的合作夥伴，以分紅入股的方式讓夥伴們參與經營，這樣也會更盡心盡力去處理外籍移工的篩選問題。

11. 個案公司看準國內看護人力供需失衡現象，引進外籍看護工與外籍幫傭，以解決客戶家庭負擔。

第三節 信－環久國際以人為本之系統思考實踐

依據前述環久國際之個案描述及重點作為，可知環久國際在經營層面上，以人為本的思維模式做系統性思考實踐，其路徑歸納如圖 11 所示。

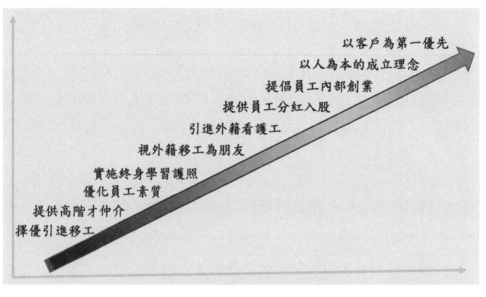

圖 11. 環久國際之系統思考實踐

第四節 信－環久個案問題討論

一、環久國際在五常德之仁義禮智信各有何作為？

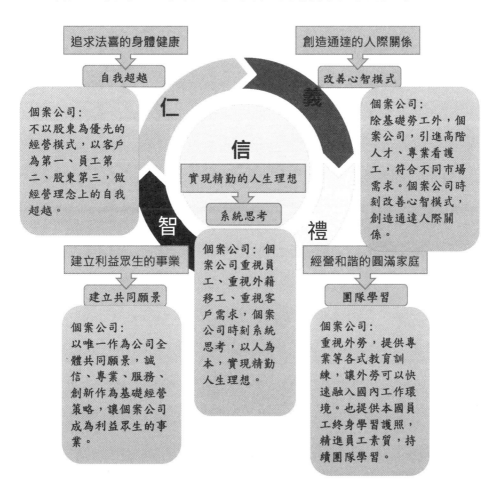

圖 12. 環久國際之仁義禮智信作為

　　而以下是環久國際在五常德之仁義禮智信之作為：

1. 「仁」：個案公司與其他公司不同，當公司處於持久優勢的靜態環境時，股東的優先順序經常是公司股東第一、員工第二、最後才是客戶，但近幾年來，超優勢競爭將順序整個顛倒過來，在動態的環境下，隨著競爭愈來愈激烈，進入障礙愈來愈少時，公司存在主要是服務客戶，唯有能讓客戶更滿意的公司，創造出更高的利害相關者滿意度才能保住市場佔有率。而目前人力仲介業正是處於競爭激烈、進入障礙少的環境中，個案公司以客戶為第一優先、傾聽客戶的意見來增加產品與服務，且進一步讓員工認同公司，創造更高利害相關者滿意度。

2. 「義」：除了引進基層人員之仲介服務外，也提供高階管理者的仲介服務，高階管理者方面主要培養總經理與副總經理，以因應市場需求。另外，因應家庭工作型態改變，由單薪家庭轉變為雙薪家庭，讓家庭幫傭需求增加，個案公司也針對此市場需求進行家庭雇傭的人力引進，接著也引進外籍看護，以因應國內養護機構、重症等看護人力供需失衡的需求。個案公司時刻改善心智模式，創造與外籍移工、看護工、以及客戶等通達的人際關係。

3. 「禮」：個案公司重視外籍移工品質，在當地國就提供專業等各式教育訓練，讓外籍移工可以快速融入國內工作環境及適應台灣風情民俗，以家庭關係的經營方式善待外籍移工。

4. 「智」：傳統其他業者的經營模式上，把外籍移工當做商品在買賣。而個案公司對於外籍移工上，跟對一般人一樣尊重，有這些改變

才讓台灣的外籍移工市場有大幅的成長。個案公司幫助外籍移工盡速學習新的知識來適應台灣生活並能減少外籍移工在台灣適應問題，也提高了外籍移工的成長空間，個案公司的願景就是【唯一】。要做唯一，成為仲介業的楷模與服務業的標竿，這也讓個案公司一直以來都能秉持著這個理念經營，建立利益眾生的事業邁進。

5.　「信」：個案公司重視員工，實施內部創業制度。重視外籍移工，除定期了解外籍移工的工作情況，對於其工作上或私人的問題，都能進行溝通與協調，個案公司將外籍移工當朋友，給予他們更多的資源與照顧。另外，也開創本國員工內部創業與分紅制度，讓員工對公司向心力更提升。

二、環久國際對「信」之具體措施為何？

個案公司在信的理念上，重視員工、重視外籍移工、重視客戶需求，個案公司時刻系統思考，以人為本，實現精勤人生理想。

1.　員工分紅入股

個案公司實施員工變相分紅制，員工無須支付股金即可分享公司紅利，而紅利分派以員工的階級、年資、工作職掌能力為配給標準，分紅制讓員工對公司的向心力增加，同時也降低了員工的流動率。

2. 公司盈餘提撥

個案公司盈餘會另提撥一筆國內外旅遊基金，免費獎賞員工，體恤員工的付出與努力。

3. 實施終身學習護照暨員工在職進修

個案公司為了增加員工的專業性，實施終身學習護照暨員工在職進修。提升員工的專業危機案件處理能力，同時也保障外籍移工與雇主的權益。

4. 重視外籍移工

設置外籍移工訓練學校、提倡外籍移工正當娛樂、加強外籍移工安全講習、提供外籍移工在台服務，並且持續追蹤並關心外籍移工工作狀況等，外籍移工是人，而非商品，秉持的這個理念，尊重外籍移工，外籍移工也會更樂意為雇主工作。

5. 重視客戶需求

個案公司因應市場環境改變與客戶需求增加，引進不同類型的移工，另一方面，個案公司也把外籍移工當做是客戶與朋友，外籍移工有任何的需求，都能有良善的溝通管道做溝通，不會來台被丟包。

三、環久國際在經營策略上，如何進行系統性思考？

系統性思考是彼得‧聖吉所提的第五項修練，是最後的修練，也

是學習型組織的基石，此項所修練關係著個人及組織看待事情的高度的轉換，其要點如下：

1. 從只著重部份轉變為著重整體發展。

2. 從把人們當做是只能被動反應者，轉變成視其為可以改變現實的主動參與者。

3. 從對只對現狀進行反應，轉變為創造未來。

　　如果缺少了以上的系統性思考，當前四項修練進入到實踐階段，就會失去整合的誘因與方法。由於系統是各項因素間複雜的關係所組成，而且會持續地變動，因此系統中成因與結果、行為和影響之間的關係，並非顯而易見。所以必須透過系統思考，全面觀照，才能打破以偏全的線性思考。

　　個案公司首先在經營利益上，就非以股東為第一優先，而是客戶(顧客、外籍移工)第一、員工第二，因為這樣才能創造最大化的股東利益。這就打破了以往的企業經營線性思考模式。

　　其次，讓內部優秀員工創業，擴大企業治理版圖，或者開放員工分紅認股制度，讓好的員工不花錢也能參與公司經營，公司經營的好，員工收入越高，越肯為公司認真奉獻，藉以形成一個良善的循環。

　　第三，許多人力仲介公司習於以過於商業化及成本考量看待外籍移工，只要移工做不好就轉介給別家仲介公司，未曾從頭思考其問題所在，導致外籍移工問題層出不窮。個案公司在經營理念上，視外籍

移工為朋友，任何困難都能有專人服務解決，這也打破了一般仲介公司在經營層面上的線性思考模式，以更符合人的角度出發，個案公司以人為本的經營，引進外籍移工、幫傭、看護工，以人為本的經營方式，這其實就是關聖帝君【信】的理念，實現精勤的人生理想。

參考文獻

D'Aveni, R. A. (1998). Waking Up to the New Era of Hypercompetition, The Washington Quarterly, 21:1, pp. 183–195.

Oliver Kmia (2018) Why Kodak Died and Fujifilm Thrived: A Tale of Two Film Companies, https://petapixel.com/2018/10/19/why-kodak-died-and-fujifilm-thrived-a-tale-of-two-film-companies/

Pensights (2017),The Butterfly Effect: Managing Your Organization as a System. https://www.performanceexcellencenetwork.org/pensights/ butterfly-effect-managing-organization-system-pen-july-2017/

The Economist (2012), The last Kodak moment? Kodak is at death's door; Fujifilm, its old rival, is thriving. Why?

日下泰夫、平坂雅男（2016）変化の時代の経営パラダイム転換―コダックと富士フイルムに学ぶ－，獨協経済, 98, 5-20。

李怡璇（2004），「公共投資對製造業、生產者服務業發展之關聯性研究」，國立政治大學地政學系碩士班碩士論文。

企業導入學習型組織實例個案

第七章 企業導入學習型組織實例個案

　　想要成為學習型組織，第一步就是必須審慎檢視企業組織以下情況：

1. 組織願意改變嗎？

2. 目前的學習文化是什麼？

3. 學習差距在哪裡？

4. 高層領導是否已經準備妥當？

5. 高層領導如果已經準備妥當，他們是否願意言出必行並向各階層
   經理人和員工展示全員持續學習是企業的新常態？

　　接下來第二步就須成立一個專責團隊，團隊成員必須包含組織內部各個層級的員工，以確認彼此對於公司的文化、學習氛圍和敬業態度的共同價值觀。第三步則是必須謹記：灌輸員工什麼是公司文化，告訴員工必須學習什麼，已經是過時且不切實際的作法，自下而上的協同合作才能創造出員工的責任感和認同感。第四步則是：必須做好準備，讓員工學習成為一種習慣，並確保組織能夠為每個人分配時間於學習。

　　企業導入學習型組織必須依循以下步驟：

1. 檢視企業現況

2. 成立專責團隊

3. 自下而上協同合作

4. 培養員工學習習慣

第一節 企業診斷

　　檢視企業組織最常用且有效的作法就是進行企業診斷，企業診斷是指對現行業務進行詳細診斷，再針對經營環境變化調整現行業務的執行方針及未來業務發展方針，然後根據以上二點方針以制定細部執行計劃並落實執行。透過這種企業診斷，可以使公司內部相關人員清楚明白公司當前經營業務的優點、缺點、潛在問題以及公司基本策略等相關事宜，進而力求明確企業的經營方針。企業診斷流程可以分為以下幾個步驟：

（一）預備調查

　　為瞭解企業潛在問題，必須由廣入深逐步探究，以達抽絲剝繭之功效，方能直指問題核心。因此，第一步先進行預備調查，由調查結果篩選出潛在問題點，繼而臚列出必須深入探究之處。此一階段可以分為自陳調查以及訪談調查二部份，詳如下述。

1.自陳調查

　　此部份為企業概況調查，先由熟悉企業內部總體運作之相關人員將企業之發展歷史、里程碑（重要年表）、組織與人事結構、產品／服務、營運現況及未來目標、自覺待克服問題等。

2.訪談調查

　　根據前述自陳調查結果，可以大致判斷該公司可能問題徵結所在，據此結果即可決定該由何處著手進行下一步的調查範圍。進行進階預備調查時，必須進行重要關係人之訪談，以釐清經營模式、產銷狀況、技術／產品、財務會計、企業文化、部門溝通、勞資關係等等問題。

　　以上二份調查可以歸納為企業診斷預備調查表如表4：

表 4. 企業診斷預備調查表（一）

1.自陳調查
(1) 貴公司創始人是誰？其創業動機為何？哪一年成立的？
(2) 貴公司的重要里程碑是什麼？（哪一年發生什麼大事？）
(3) 貴公司員工總人數幾人？高階、中階、基層主管、員工各多少人？高階
　　人員有哪些人？如何分工？
(4) 貴公司組織結構現狀為何？請依照以下範例，自行繪出組織圖

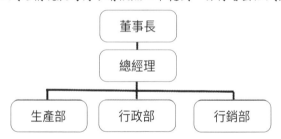

(5) 貴公司的願景、使命、所處行業為何？、現處行業什麼位置？想要達到
　　何種地位？
(6) 貴公司在以下各項之現狀及未來的目標是什麼？

項目　　時間	現在	三年後	五年後
營業額			
毛利率			
稅前淨利			
市佔率			
客戶數量			
技術水準			
人員數量			
其他			

表 4. 企業診斷預備調查表（二）

2. 訪談調查

(1)經營模式問題
- ➤ 貴公司靠什麼賺錢（產品、服務）？
- ➤ 貴公司目標客戶是誰？
- ➤ 貴公司為目標客戶帶來什麼價值？滿足何種需求？

(2)銷售問題
- ➤ 貴公司銷售組織結構為何（畫圖或文字描述）
- ➤ 貴公司銷售流程如何？
- ➤ 貴公司如何開發新客戶？
- ➤ 貴公司如何留住老客戶？

(3)技術問題
- ➤ 貴公司技術發展策略是？
- ➤ 貴公司取得新技術的途徑？
- ➤ 貴公司是否有專利？如何保護自己的技術？

(4)生產問題
- ➤ 貴公司設備狀況如何？
- ➤ 貴公司是否有品質管理體系？
- ➤ 貴公司未來生產投資計畫如何？

(5)財務問題
- ➤ 貴公司負債結構如何？是否合理？
- ➤ 貴公司收入來源有哪些？
- ➤ 貴公司成本結構如何？
- ➤ 貴公司近三年損益平衡狀況？

(6)企業文化問題
- ➤ 貴公司企業文化如何？
- ➤ 貴公司企業文化是否符合發展需要？

(7)企業核心競爭力（成功要素）
- ➤ 您認為需要做好哪些層面才能讓貴公司成功？
- ➤ 和競爭對手相比，貴公司這些層面是否獨一無二？
- ➤ 上述這些成功要素貴公司具備哪幾個？

(8)您認為公司現在面臨的核心問題是什麼？
(9)除了以上問題外，還有哪些問題？

（二）實地調查

1. 聆聽委託者自述

　　企業需要進行企業診斷時，往往是起因於企業負責人自覺企業本身出現某些徵候，自覺難以克服問題，因而尋求外部協助以找出問題所在以便加以徹底解決。因此，企業經營診斷步驟中，必須聽取業者本身自述其所自覺之症狀，以便依症狀逐步溯源以找出問題根源。

2. 視察

　　根據以上預備調查結果及委託者自述後，對企業之概況已有梗概瞭解之後，必定有某些情況僅憑書面資料及部份重要關係人之說明仍無法完整闡明其實際狀況，必須進行實地視察，以求證預備調查結果是否確實呈現問題全貌。

3. 詢問

　　根據實地視察之結果，就企業診斷預備調查表之內容進行詢問，預備調查表已詳盡說明之處，詢問即可較為簡便，而應集中於預備調查表回應尚有不足或缺漏之處，以求調查結果之完備。

4. 細節調查

　　如果上述種種調查結果，均指向問題出自於某些細部作業（如生產流程、銷售流程、客服流程或事務流程等等），此時即需針對個別

作業進行詳細調查，透過實地分析作業流程，以瞭解事實。

（三）改善方案之提出

1．缺點之檢討

一般而言，預備調查結束時，根據統計結果即可大致瞭解缺點所在，若再加上詢問時無法清楚回答者，即可推測其某些制度設計不夠完備。例如，預測生產數量與銷售量數量長期無法匹配，致使成本無法確實計算，即可推知該企業之成本會計制度不夠完善。由於預測生產與銷售之基礎不確實，因而導致個別商品之損益無法確實掌握。

2．改善方案

歸納，即可發現其問題之確實發生原因，接下來即須根據此結果提出改善對策，綜整成改善方案。改善方案必須就以下三個構面加以說明，亦即：（1）改善之要點；（2）改善之方法；（3）改善之預測效果。

（四）改善方案之實施

企業診斷僅為解決問題之手段，其最終目的在於進行實質改善，其實施要點如下：

1．經營者之態度

改善方案提出之後，首先須視經營者之態度。由於改善方案必須改變現有營運或作業，往往牽一髮而動全身，難免會對行之有年的運作模式造成影響，甚或損害利害關係人的利益。此時，若經營者缺乏破釜沈舟之決心，改善方案縱使再完美，也無法畢其功於一役。

2. 方案說明會議

改善方案既經提出並核可實行，則必須召集相關人員，就改善方案之必要性、內容與進程加以詳細說明，以期公司上下一體遵行。與此同時，若能引用其他企業成功改善之實例，以激起公司員工感受到實施改善方案之必要性及迫切性，再將改善方案各項須配合措施分配予各相關人員，使其瞭解詳細內容以為實行之依據。

3. 示範及分段實施

改善方案若牽涉層面較廣，驟然實施可能會造成混亂局面，此時可以分成幾個階段逐次實施。必要時，可以挑選某項作業進行示範實施，待稍有成效時，隨即逐漸擴大實施範圍。實施過程中，若遇阻礙，必要時須開會檢討，修正實施方法，以免強力推動而窒礙難行。在示範及分段實施，若有建設性意見，亦應隨時採納，納入實施計畫中。

4. 考核

改善方案雖已實行，若未進行監督考核，則甚易回復原狀，而致功虧一簣；故須時時以檢討報告或實地訪察等方法進行考核監督，以

確保實施成效。

　　為導入學習型組織而先執行企業診斷，其實施步驟如下：

1. 預備調查
2. 實地調查
3. 提出改善方案
4. 實施改善方案

第二節 營造變革共識

透過企業診斷瞭解企業潛在問題後，隨之而來面臨的問題即是企業是否有強烈意願進行改變。此時，自企業負責人到各階層主管是否具有變革的共識，即成為關鍵。因此，透過舉辦主管共識營以營造變革共識，即成為學習型組織必經的歷程。其次，如何有效地在極為短暫的時間裡讓參與營隊的主管凝聚出變革共識，據以形成明確可行的行動方案，繼而設計出符合企業需求的全員共識營操作模式，即成為共識營成敗關鍵之所在。

以開放空間技術協助個人及團體轉型為高效能學習型組織，已經成為當前最具效能與效率之共識營運作模式。在共識營活動設計規劃中，必須先導入學習型組織五項修練課程，再講解共識形成的觀念與操作模式，然後依據參與成員對共識議題的認知與瞭解程度，以各種會議技術觸發參與者解除心理武裝與人坦誠溝通，各種會議技術包括：圍圓共識操作、使用說話棒、報到暖場、技巧性分組、欣賞式探究、深度分享機制、產出議題、形成具體方案、退場等方法。透過這類操作技巧，可以同時讓參與者在此分享並引導參與者確實朝向形成共識之路進行思索，從而促使所有成員得以在共識營中均有所貢獻，而且能夠總結出每位成員都願意承諾實踐的具體行動方案。

以開放空間技術操作學習型組織共識營之運作模式，為求達到循序漸進之效，可以區分為以下六個階段，逐步進行。

階段一：專家演講啟發新觀念

　　首先由專家對共識營與會者演說學習型組織之要義，以期開啟聽講者閉鎖已久的心智模式，如此一來，方能有利於後續各項操作模式之進行。演講前後，共識營主持人必須對成員解說五項修練之要義如下：

1. 自我超越：與會者必須先在腦海中形塑出你一生之中最想達到的成果或願景，然後將此成果或願景與現實中自己的狀態進行比較，當其中有所差距時，能夠激發出自然的張力來促使你實現一心想要達到的成果或願景。

2. 心智模式：心智模式的改善聚焦於反省與探詢的技巧訓練，用以開發自己的察覺能力，以利察覺會影響自身想法的態度與感受。

3. 共同願景：所有成員必須要建立一個眾人得以共同追求的目標，所有人經由一起描繪未來發展的輪廓，並合力探討可以達到此一目標的要徑與方法，據以培養成員間的凝聚力。

4. 團隊學習：所有成員以團隊方式進行學習，運用各種討論技巧的訓練，讓團隊成員可以提升自己的觀念、知識及技術。

5. 系統思考：透過系統性思考，可以從更全面的角度深入了解互有因果關係的力量，也可以更明瞭變革的過程。系統思考可以協助找到具有高槓桿效果之處，因而能夠更有效地達到最有建設性的變革。

演講結束後，即刻進入下個流程，主持人須對參與者再次提醒：

今天各位前來參加這一個「以開放空間技術運作學習型組織之共識營」，請大家時時開放自己的心胸，拋開原先固有的想法，以期待的心情想想看共識營中會發生什麼事情。這幾天的共識營活動結束後會呈現出什麼結果，完全掌握在各位手中，也就是說，在座每一位都有機會也有權利決定最終這個開放空間的成果為何，請各位好好把握。

階段二：報到暖場

1. 報到

在共識營中參與每一項活動都必須先進行報到程序，共識營活動一開始，主持人必須對參與者進行以下引導：

「我們都知道入住旅館需要以實名 check-in ，現在請大家進行 check-in。組織學習中每位成員之所以要進行 check-in，就是希望大家能在營隊活動中說實話，以引導討論能夠朝著落實未來共識的方向前進。現在，共識營第一次 check-in 動作，就是請每個人表達『我現在的狀態』」。接下來，主持人將事先準備好的『說話棒』傳給第一位成員，讓該成員向大家講講他的現況，講完之後即將『說話棒』傳下去給第二位成員，依此類推，讓每個人都輪流講完。透過這種『實話實說』進行 check-in，目的在於讓團隊成員均能在一開始即放下心防，坦誠相見。

2. 360 度欣賞式探究

報到暖場之後，隨即進入議題討論，主持人必須先說明 360 度欣賞式探究（360 degree appreciative inquiry，360 度 AI）的基本規則：「我們接下來要進行的是議題討論，使用方法是 360 度欣賞式探究。Appreciative 具有多重意義，代表欣賞、感謝、肯定、感激等等意義；而 Inquiry 則是指探究，指的是對別人所提出的問題進一步探詢。進行的方式非常簡單，手中握有說話棒的人，必須對別人提出的問題或觀點給予正面的回饋意見，不能有負面的回應，這就是欣賞式探究。例如：別人對你提出了問題、表達看法、建議如何解決，你可以這麼回答：這個問題的確是值得深究的問題、這個觀點是非常正確的觀點、這個解決方案具有哪些優點…。同樣的，拿到說話棒的人就說出自己的看法，表達完畢之後就立即將說話棒傳給下一位成員，直到所有圍成一圈的人都傳完為止，這就是 360 度 AI。

階段三：圍成二圈同心圓提出意見

此時，主持人要求全體成員圍成二圈同心圓，並鼓勵所有人將其想要討論的主題意見寫在便條紙上並貼在牆上，並進入圓心向大家闡述其提出的理由。所有人提出議題後，隨即根據議題相似性進行分類。

階段四：決定關鍵議題

接下來請位於內圈的成員集合到一處，根據所有成員人數多寡，

從眾多類別議題中選出數個內圈成員認為真正重要的議題。

階段五：分組討論

　　篩選出幾項非常重要議題後，每個議題為一組，將所有成員平均分配到各組，以確保每個議題組都有足夠的成員參與，也能夠得到充分討論，如此則擬定出來的行動方案才不會只代表少數人的意見，而得以考量到問題的全面性。各組帶開進行分組討論時，依舊按照開放式空間技術進行。

階段六：分組報告具體行動方案與 Check out

　　分組討論完畢後，所有人回到原先的全體討論空間，進行各組報告。輪到報告的組別時，所有組員必須一起上台，再由該組主要負責報告的成員說明小組經過討論之後提出了哪些具體的方案。由於負責報告的成員可能會無意或有意遺漏某些資訊，為了避免這種狀況發生，其他成員可以在負責說明組員報告完畢之後繼續補充。台下的聆聽者可以舉手，徵求同意後，提出意見或是對報告組進行提問。

　　以開放空間技術操作學習型組織共識營之運作模式，其參與人數可以少至 5 人、大至 500 人，以一般中小企業而言，主管人數介於此參與人數之間，因此相當適合採此模式進行。若人數較少，則可以毋須分組，直接以全體成員圍圓進行討論即可。

透過企業診斷瞭解問題所在之後，必須強化全員變革意願，首先即是營造變革共識，透過開放空間技術舉辦學習型組織共識營之執行步驟如下：

1. 啟發新觀念
2. 破冰解除心防
3. 全員提出建設性意見
4. 決定關鍵議題
5. 分組討論
6. 分組報告具體行動方案

以某名牌糕點導入學習型組織為例，該企業為傳承近百年之老店，歷經第一代創業及第二代拓展，該公司已由傳統前店後廠之糕餅店經營模式，茁壯成為由中央工廠製作糕點供應十餘家直營門市之規模企業。雖然第三代傳人已經陸續進入企業體系分工負責各部門，但因產品開發、產品製作、門市銷售量、每日報廢量等等議題都在企業各部門之間惹出不少爭端，致使第二代傳人雖然已經年逾八旬，仍然擔任公司負責人，不得不事必躬親，時時過問公司大小事務。此類問題日積月累，雖然公司上下均知應加以解決，但經多年努力，卻始終無法獲得徹底解決。

個案公司導入學習型組織之步驟分為以下階段：

1. 委託輔導顧問進行企業診斷

2. 舉辦主管共識營

3. 擬定具體行動方案

4. 各部門分別推動學習型組織

　　該公司負責人委託外部顧問輔導，透過企業診斷，發現公司由組織結構、部門權責、作業程序等各面向均未曾因公司規模擴增而進行全面調整，導致公司整體運作模式無法順暢進行。由於四位第三代傳人分別擔任該公司總經理、管理部經理、生產部經理、營業部經理等各部門主管，各有其本位主義，致使難以進行跨部門溝通。經由前述預備調查及實地調查後，外部顧問建議公司導入學習型組織，方能鼓舞公司上下進行組織變革。經過密切討論後，其實施學習型組織的第一步即為舉辦主管共識營，經過二天共識營討論之後，決定該公司具體行動方案如下：

1. 公司組織架構調整

    生產部增設副廠長，可新聘或由現有人員重新派任或兼任。

    強化行政管理部職權，管理部增設採購、會計人員。

    廠務各課之包裝組進行整併。

2. 董事長、總經理、管理部經理、生產部經理、營業部經理定期舉行高階主管策略會議。

3. 新產品開發會議，由生產部、營業部、管理部各派二級主管與會，結論呈高階主管會議決行。

4. 新訂及修訂各項流程及其管理辦法

　　修訂：採購及付款管理辦法

　　修訂：庫存管理辦法

　　新訂：商品損耗管理辦法

　　個案公司透過企業診斷預擬討論題綱後，交由主管共識營商議出變革方向之共識，擬定具體行動方案如下：

1. 調整公司組織架構
2. 定期舉行高階主管策略會議
3. 制定新產品開發會議流程
4. 重整企業流程

　　以上學習型組織之實施僅先及於主管共識會議，就公司整體而言，尚需推動全員學習。由於各部門專業不同，因此學習型組織之推動可以部門分別為之。引進各類型變革策略，其主要目標都在創造一個有能力自我學習的單位，其運用策略如下：

1. 擬定一個具說服力的理由向組織內部同仁說明組織為何必須進行改變。

2. 建立一個以團隊為主的組織結構。

3. 調整組織文化，包括：挑戰既有框架、鼓勵同仁進行對話與回饋、改變工作流程、重視創新行為的價值、開發同仁領導技能、培養

學習解決組織問題的能力。各部門可以採行的具體作法如下：

（1）部門主管向部門成員詳細解說「組織必須改變」的理由，以利於建立未來行動方案的共識

A. 主管與部門以下各單位分別舉行單位會議，解釋為什麼該單位的工作、需要改變的原因。

B. 向同仁說明改變對該單位的意義。

C. 擬定預計改變的目標。

D. 預擬簡要書面報告，鼓舞同仁勇於挑戰工作中既有框架及作業方法。

（2）徵詢同仁的改革意見

先對同仁進行調查，以瞭解同仁對於改變該單位作業的想法，例如：該單位中哪些地方需要改變？如何變革？同仁需要學習哪些技能以因應變革？阻礙變革的障礙有哪些？。

（3）敦促組織與同仁對話，以提出必須變革的資訊及可能的變革行動方案。

（4）指派專責人員，持續傳達組織及各部門、單位必須改變的訊息及策略，並為團隊學習及問題解決提供各種訓練

（5）啟動變革後，適時提供管理階層必要的訓練，以使其熟悉新的工作結構與流程。其內容包括：

A. 完成一份簡單明瞭的變革計畫書。

B. 學習如何在一個強調自我管理的團隊中勝任管理任務。

各部門推動全員學習型組織可以採行的具體措施為：

1. 說明變革的意義與必要性
2. 徵詢全員改革意見
3. 敦促組織與同仁對話
4. 指派專人負責團隊學習運作
5. 管理階層變革專案訓練

各單位之共識會議主題及活動方式可以規劃如表 5：

表 5. 共識會議主題及活動方式

主題	活動方式	作法及目的
建立危機意識	1. 主題內容專題講座與簡報 2. 分析內外環境 3. 小組討論 4. 其它組織案例分享	1. 產出單位內部未來重大危機項目。 2. 上述危機對個人可能的影響。 3. 上述危機對單位可能的影響。
成立領導變革團隊	1. 分析本單位情形 2. 討論願景與目標	1. 由同仁推舉領導團隊成員 2. 自願追隨領導
願景形成與溝通	1. 共同討論並決定單位願景 2. 傳播願景	1. 確立遵循方向 2. 使單位同仁都了解願景
從願景到實踐	1. 研擬配合願景的實踐方案。 2. 討論如何去除障礙	1. 制定可衡量標準 2. 依照方案時程執行
初步實踐成果	組織學習成果發表	比較實踐成果是否符合衡量標準
持續更新改善	重新思考討論下一輪實現願景之可行方案	

　　前述名牌糕點企業在其新訂商品損耗管理辦法過程中，即是透過營業部、管理部、生產部三個部門分別在其門市、會計、生產管理等三個單位推動學習型組織，認清跨部門間合作之重要性，因而制定三方均能接受之管理辦法，並據以規範商品報損流程如圖 13 所示。由於此管理辦法之訂定，終於解決多年來困擾各部門且影響各部門合作氣氛之沈疴。

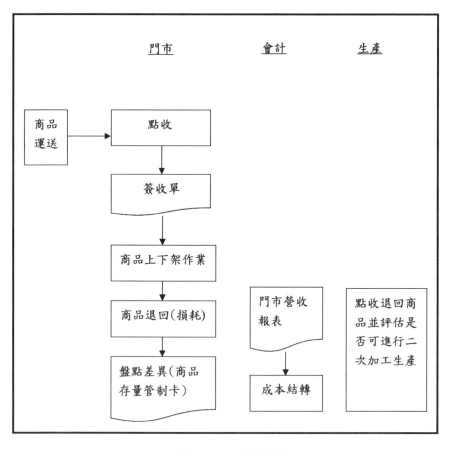

圖 13. 商品報損流程

第三節 啟動學習型組織

（一）問題解決導向型

　　由於前述名牌糕點企業學習型組織之建立，乃是植基於特定問題解決，因此其建立過程極為短暫，從啟動會議開始，僅歷時 13 週。其間包含由高階主管參與之預備調查、診斷分析建議會議、主管共識會議、全員共識改善方案建議會議，以及各相關部門參與之實地調查及部門共識會議，最後則是全體員工參與之全員學習營。其執行程序如表 6 所示。

表 6. 全員學習營執行程序

週次	執行內容	參與人員
1	啟動會議	高階主管
2	預備調查	高階主管
3	實地調查 - 生產流程檢視	生產部、管理部
4	實地調查 - 工廠訂單流程	生產部、管理部
5	實地調查 - 門市運作流程	營運部、管理部
6	診斷分析建議	高階主管
7	主管共識會議 課程 - 組織願景與使命	高階主管
8	主管共識會議 課程 - 團隊領導與激勵	高階主管
9	主管共識會議 課程 - 組織結構與績效	高階主管
10	全員學習營 課程 - 職場共識與樂在工作	全體員工
11	全員學習營 課程 - 成為受歡迎溝通高手	全體員工
12	部門共識會議	各部門
13	全員共識改善方案建議	高階主管

（二）組織文化導向型 [1]

知名的中友百貨為在競爭激烈的百貨市場取得競爭優勢，於 1996年就開始在企業內部推動學習型組織，期盼員工透過持續學習增進工作技能，以提升企業營運績效。正式推動之前，為了順利推動學習型組織，並向員工宣示公司人力資源規劃發展方向，特別設立「終身學習中心」作為推動學習型組織之專責單位。此外，為了讓公司所有成員瞭解推動方法，終身學習中心明訂以彼得‧聖吉所倡導的「五項修練」為規劃培訓課程之依據。

根據五項修練的系統架構，終身學習中心之工作職掌計有以下七項：

1. 建構員工培訓之學習架構
2. 培養高階經理人之經營決策系統思考
3. 建立全公司之核心價值觀及共同願景
4. 培養企業內部講師
5. 創設團隊學習時進行練習之演練場
6. 規劃專案模擬系統
7. 建置學習歷史記錄制度

---

1. 本小節部份內容引述自龔昶元、邱俊智、高玉琳（2000）百貨公司導入學習型組織的過程與影響。第一屆提升競爭力與經營管理研討會，台北縣，台灣。

為了讓導入學習型組織過程能夠順利，中友採取循序漸進方式進行，因而將推動程序區分為「薰」、「學」、「習」、「用」四個階段（如圖 14 所示）。

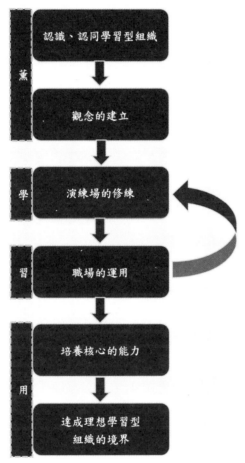

圖 14. 導入學習型組織過程架構

　　第一階段稱之為「薰」，意指在這個階段先對員工進行薰陶，這個階段由 1996 年初開始啟動至 1997 年初結束。在這長達一年的時間裡，中友要求公司內部所有員工都需共同學習，其目的是期盼全員能夠培養學習的興趣、認同學習的益處，瞭解學習的基礎概念，最終目

標是啟發員工願意主動深入學習的動機。在這個階段裡，具體的執行方法是先推動讀書會，然後舉辦全員學習營。推動讀書會時，由理級主管以身作則，先將五項修練一書中的內容細分為較小篇幅的單元，然後先閱讀部份單元，再於預訂時間向部門所有同仁分享其研讀心得。雖然這個階段名之為薰陶，但因學習沒有明確目標，導致部分同仁出現消極應付態度甚或發出疑義。

第二階段正式進入「學」的階段，乃針對高階經理人實施培訓，公司內三十六位高階主管全部參與「經營決策系統思考班」培訓。在此一階段，所有受訓者必須利用終身學習中心創設之演練場，練習如何將自五項修練習得之觀念與技術轉化、運用至職場中。如圖15所示，在第一階段「薰」中，演練場與職場是彼此分開的，也就是參訓者所學的種種知識與技術是獨立於職場之外的；從第二階段的「學」開始，參訓者才透過演練場練習如何將其所學應用於職場，這時演練場與職場才開始有了關聯。其後，經過第三階段的「習」及第四階段的「用」，才有可能將演練場學得的知識與技術實際運用於職場情境中；也就是說的，演練場與職場之間的連結是透過全員的學習、演練、運用而逐步形成的，並非朝夕之功。

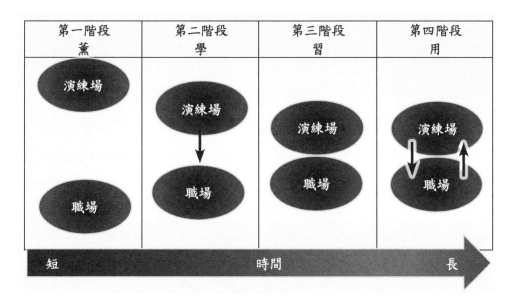

第一階段 薰	第二階段 學	第三階段 習	第四階段 用

圖 15. 導入學習型組織演練場與職場的結合概念圖

　　至於為何在第二階段僅針對高階經理人實施培訓且主題訂為經營決策思考，原因有二：

1. 高階經理人員為各部門實際負責人，學習型組織最終需由各部門帶領部門成員將成果運用於工作中，因此高階主管必須先瞭解學習型組織的運作技巧。

2. 其次，組織層級的五項修練核心是系統思考，需要考慮各部門的綜效，因此所有高階主管一起參與培訓，可以彼此瞭解對方的業務及作業，透過團隊學習，可以培養其分析問題及解決問題的能力。

　　此一高階主管培訓經班的運作過程有二：先聘請外部專業講師進

行課程規劃、教材準備、以及互動授課，再由中友終身學習中心規劃執行系統思考的導入，外部專業講師則在導入過程給予必要的顧問諮詢。

第三階段是「習」的階段，在前一階段中高階主管已經練習如何將自五項修練習得之觀念與技術轉化並應運用於職場情境，屬於虛擬演練，這個階段則是開始進行實際運用。外部專業講師在這個階段必須協助高階主管將五項修練推動至部門同仁，同時也必須協助部門成員瞭解學習型組織對其職涯的效用，透過這種集導師、諮詢、協調特色於一身的機制，有效促進上司與下屬的共識與融合，同時也促使主管熟悉學習型組織的運作技巧而能有機會實際行動以內部講師的角色進行有效的推動。

第四階段是「用」的階段，當組織順利完成前面三個階段之後，代表組織成員已經具備足夠的知識與技能形塑學習型組織，且已養成自主學習的習慣。此時，組織已經自我建構出一個完整的學習情境，組織成員在這種氛圍之下，滋養出對未來的熱烈渴望，面對問題時能夠透過團隊學習來分析問題、提出解決方案、採取應變行動。

綜合以上所述可以得知，在學習型組織導入過程中，前面三個階段是建構全員的基礎知識、技能以及正向態度，最後必須將前三階段所學實際運用於工作之中。唯有透過不斷的「用」而有效果，全體同仁才會覺得組織學習是值得投入的成長契機，也才會樂於學習，最後也願意將學習所得應用於日常作業中。由於組織是由眾多的個人所組

成的具有共同目標的集合體，它無法自行學習，而是必須藉由個人學習才能達成組織學習，而且不能僅靠少數人進行個人學習，而是必須由一群人甚或整個公司成員同時進行個人學習，組織學習才能見效。因此，企業導入「學習型組織」是一件極其浩大的工程，企業內部從上至下均需投入，不僅需完成以上四個階段，還需將各項修練落實至每一個作業細節之中。因此，為了能夠落實學習型組織的導入工作，中友百貨終生學習中心以及外部專業講師經過反覆推敲討論，規劃一系列大大小小的活動，務求循序漸進逐步推動，茲舉以下三項大型活動說明。

1. 全員學習營

（1）期間：6個月

（2）梯隊：每星期二個梯次，共五十梯次

（3）時間：二天一夜

（4）對象：全體同仁、專櫃人員

（5）內容：中高階主管先參加二天一夜的「內部講師訓練營」，由外部專業顧問群授課，之後由顧問群依照課堂表現甄選出適合的人組成「學習型組織內部講師團」，之後再由內部講師團擔任「全員學習營」的授課講師。研習課程包括：從總體政治、經濟、社會、科技等環境層面變化闡明市場競爭中不進則退的道理，進而說明持續學習的重要性，讓參訓者瞭解在激烈競爭環境中沒有持續學習、進步便會被市場淘汰，並使員工明白學習型組織必須以個人學習為基礎方能達

成。講解學習型組織的運作時，為引發學習興趣，特別設計以遊戲方式說明五項修練的觀念與操作技巧。

2. 讀書會

（1）期間：12 個月

（2）梯隊：各法人公司依實際上班時間，分組進行

（3）時間：二小時

（4）對象：中階幹部及專業職人員

（5）內容：與會人員必須依照規劃進度事先研讀《第五項修練一學習型組織的藝術與實務》、《五項修練實踐篇（上）》《五項修練實踐篇（下）》等三本書，活動進行時以隨機抽籤方式抽出數位同仁上台報告研讀心得，並開放現場討論。

3. 經營決策系統思考班

（1）期間：12 個月

（2）梯隊：各法人公司的三十六位高階經理團隊

（3）時間：每二週上課一次

（4）對象：高階經理人

（5）內容：為達循序漸進的效果，以三個步驟進行：

A. 建立系統觀念：解說完系統理論後，即將整體系統觀念拆解成可以操作的工具，此一步驟以工具應用為核心，讓高階主管能夠快速將上課所學之觀念及理論透過工具的輔助運用於所轄部門以提

升作業效能與效果。

B. 建構系統思考：建立高階主管的系統觀念之後，即開始要求參與者實際運用系統思考模式，為使參訓者熟稔系統思考方法，以個案討論引導高階主管跳脫既有思維，從整個組織的角度來思考各項策略與措施，透過反覆練習，使參訓者得以掌握系統思考的精神。

C. 應用程序法：當高階主管瞭解系統觀念且能進行系統思考後，即可整合所有可行的應用方法以及工具，編為一套實務應用程序，以供需要時隨時取用，例如：PEST 分析、SWOT 分析 ... 等。

綜合以上所述，百貨導入學習型組織大事記列如表 7 所示：

表 7. 導入學習型組織大事記

階段	內容
薰	1. 內部講師訓練營 2. 全員學習營 3. 讀書會
學	1. 經營決策系統思考班 2. 中高階經理團隊學習班
習	1. 薪資議題的淺度訪談 2. 中高階團隊學習營
用	1. 公司與外部顧問建立學習基礎結構 2. 公司與外部顧問進行與經營結合

參考文獻

Holly Andrews (2010), Building Learning Organizations in Dementia Care, https://slideplayer.com/slide/8271029/.

Taylor Newberry Consulting (2018), Organizational Learning Self-Assessment Tool V1.0.

邱繼智（2004）。建構學習型組織。華立圖書。

黃穎捷（2006）。OST 學習型組織共識營運作模式，https://m.xuite. net/blog/ ingchiehtw/twblog/127230951

龔昶元、邱俊智、高玉琳（2000）。百貨公司導入學習型組織的過程與影響。第一屆提升競爭力與經營管理研討會，台北縣，台灣。

五常德學習型組織導入操作步驟

第八章 五常德學習型組織導入操作步驟

透過前一章企業導入學習型組織實例，瞭解眾多企業導入學習型組織之過程及其成敗因素，其中最為重要的關鍵因素在於：企業導入學習型組織是否符合組織需求？也就是說，當面臨外在環境的激烈競爭時，企業雖然瞭解導入學習型組織方能持續提昇員工知能以應對挑戰，但在導入時未能深入瞭解各部門面對的問題以及員工的迫切需求，以致於令員工認為企業推動學習型組織只是「為導入而導入」，並不是真心為員工設想的措施。在這種情況之下，員工自然只會將導入學習型組織視為不得已而被動配合的苦差事，不會認真看待，更遑論能夠樂於學習，因此推動過程當然會受到重重阻礙，甚至於功虧一簣。

為避免上述狀況發生，企業導入學習型組織之前，就必須先規劃導入策略；而在規劃導入策略時，必須先瞭解企業當前面臨什麼問題、迫切需要解決之處何在。因此，企業診斷即為企業導入學習型組織之關鍵第一步。然而，企業處於外部高度競爭環境之中，內部又有諸多產、銷、人、發、財、資等企業功能必須執行，必須面對的問題可謂千絲萬縷，如何能夠正確診斷出問題所在？一般而言，所謂診斷必須先建立足以成為規範的常模，再依此常模一一檢視各項活動，最後論斷各項活動是否與常模相符，若不相符即為問題所在。

然而，如何建立此一常模？此常模是否言簡意賅？是否能夠放諸四海而皆準？是否淺顯易懂？是否能夠讓企業上下皆能一體遵循？依

據前述第一章企業成敗關鍵因素個案總論以及第二章至第六章企業成功關鍵因素個案分論所述，關聖帝君仁義禮智信五常德是一個能夠將企業內外關係整涵蓋的生活哲學思想體系，其道理要言不煩，不論學識、不分階級皆能明白其大意，因此必須以其為企業診斷之圭臬，以達企業上下一體遵行之效，其對應關係如圖 16 所示。

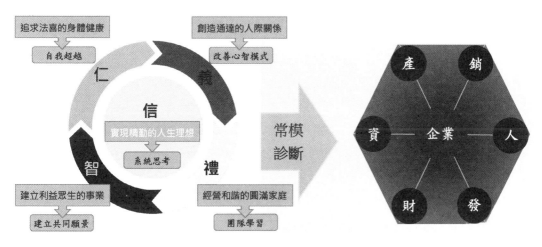

圖 16. 五常德與企業診斷之對應關係

透過以五常德為常模進行企業診斷瞭解企業潛在問題後，接下來即需進行第二步驟：營造變革共識。由於企業潛在問題往往不僅發於一端，因此企業必須盤點、綜整各項問題，臚列出問題重要性，據以形成變革重點所在。如此一來，針對此變革重點推動學習型組織，方能使公司上下一致認同此一推動舉措確實對症下藥，因而才能全員戮力以赴，而非虛以委蛇、應付了事。

既然組織內部上下已經一致形成變革共識，即可進入第三步驟：

啟動組織學習。如第七章所述，此時屬於問題解決導向式學習型組織，可以令參與成員立即感受到透過此一措施改善甚或解除其於工作崗位面臨的困境，因此樂於持續參與共同學習。經由推動問題解決導向式學習型組織，組織全員已具備持續提昇之動力，從而使得企業推動組織文化導向式學習型組織成為水到渠成之勢。綜合以上概述，企業導入五常德學習型組織操作步驟可以圖 17 表示。

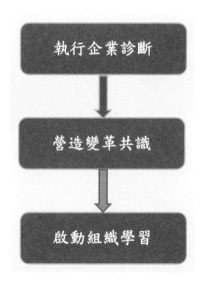

圖 17. 企業導入五常德學習型組織操作步驟

　　以下各節將針對企業導入五常德文化學習型組織之操作步驟進行詳述，一一闡明其運作細節，以為企業推動時之參考。

第一節 以五常德進行企業診斷

　　如第七章企業導入學習型組織實例個案所述，企業診斷的目的是對現行業務進行詳細檢視，找出問題所在，以利後續再針對經營環境變化調整現行業務的執行方針及未來業務發展方針，然後根據以上二點方針以制定細部執行計劃並落實執行。企業診斷流程可以分為預備調查及實地調查二個階段，預備調查又可分為自陳調查及訪談調查二個步驟，實地調查則包含聆聽委託者自述、視察、詢問、細節調查等第四個步驟。不論在哪一個階段或步驟，調查重點均在於探查企業是否遵循本書總論所提出之「學習型組織中五項修煉的五常德指導總則」：

　　仁：追求法喜的身體健康，代表必須不斷內觀自我，進行自我超越，以達身心靈的總體健全。

　　義：創造通達的人際關係，表示必須持續探討自我意識，改變自我中心的狹隘，以達圓融的人我關係。

　　禮：經營和諧的圓滿家庭，意謂著必須視組織為大家庭，與組織成員建構團隊學習體系，彼此相互學習、扶持。

　　智：建立利益眾生的事業，亦即必須與組織同仁建立同願景，併肩奮鬥，以發展畢生志業。

　　信：實現精勤的人生理想，代表企業必須從企業與人生終極理想

的制高點進行系統性思考，以達圓滿人生。

以上五點分述如下：

（一）仁：企業不斷自我超越

關聖帝君五常德教義中，「仁」指的是追求法喜的身體健康，而在儒家學說中，「仁」是每個人自我實現的哲思基礎，「行仁」則是成就自我實現的必要途徑（陸洛、楊國樞，2005）。既然是「法喜」的身體健康，當然就不僅僅是常言所謂的有形身體健康，而是在修行中因為得到覺悟，對於一切有著全然的瞭解，由於豁然開朗而體驗到修行帶來的愉悅、平靜、詳和而達到身心靈俱足的喜樂。因此，要追求法喜的身體健康就必須要不斷的精進修煉；而在精進修煉過程之中，必須不斷地進行自我觀察、檢視、省思，進而設法進行不斷改善，如此才能達到身心靈的總體健全。在學習型組織五項修練中，第一項修練即是自我超越；彼得・聖吉認為：「自我超越是個人持續釐清並深化個人願景、集中精神、培養耐心、客觀地看待現實的修煉。因此，它既是學習型組織的重要基石，也是學習型組織的精神基礎。」因此，以五常德教義中的「仁」來做為學習型組織第一項修練的衡量標準，全然符合且適合每個人於日常生活修練的遵行準繩。

企業是由人所組成的具有共同目標的實體，企業想要健全發展就必須由組織內的所有人共同努力方能達成，唯有企業內部員工身心健康才能夠對工作全力以赴，如此一來企業也才能夠持續不斷的精進成

長。也就是說，沒有健全的員工就沒有健全的企業。眾所周知，企業無論大小，絕大多數都是從草創時期的微型企業成長為小型企業，再進一步成為中型企業，最終成為大型企業。在這樣的發展過程當中，企業是從萌芽期、成長期、茁壯期、乃至於成熟期逐步壯大，此一過程其實都是企業不斷自我超越的成果展現。而在這種種自我超越過程裡，如果企業沒有不斷地進行自我反省，那是絕對無法繼續茁壯發展的。因此，從企業發展的角度來看，企業想要持續生存、永續發展，就必須要不斷自我超越，而這正是學習型組織的第一要務。也就是說，面對外在環境激烈的變化以及產業的競爭，企業已經無法以其過去賴以成功的模式和做法繼續前行；而是必須與時俱進，不斷學習，才能因應外在環境的變化與競爭，為客戶和顧客的需求提出解決方案。這也意味著，企業唯有順應潮流，貼近並滿足客戶及顧客的需求才能不被時代淘汰。那麼，企業如何與時俱進、不斷學習呢？唯一的辦法就是透過制度化的設計將企業塑造成一個永不停止學習的組織。當然，組織的學習是必須依靠全體員工都具有學習的意願以及意志力才能成功。 當一個組織成為學習型組織時，這就意味著這個組織能夠不斷因應變局去吸收新知、學習新技能、創造新產品以及新服務，也就是企業必須不斷地淘汰自己以往的賴以立足的產品以及服務，當產品或服務能夠不斷推陳出新，就表示這個企業在不斷的自我超越，而非滿足於自己以往成功的經驗。因此，以五常德作為企業診斷標準來檢視企業是否服膺學習型組織的第一步就是考察企業是否能夠以五常德教義中的「仁」不斷進行自我超越。然而，所謂的自我超越，涵蓋範圍甚廣，

因此進行診斷時，必須詳細列出一些客觀而且可以衡量的標準。一般而言，多數標準都屬於量化數據，少部分是屬於質性的數據。其中，量化數據包括：營業額、獲利、客戶數量、技術水準、員工數量。。。等等。至於質性的數據，可以包括公司的企圖心、員工的上進心。。。等等。

準此，企業不斷自我超越的各項調查問題可以歸納如表 8 所示。

表 8. 企業自我超越調查表

1. 貴公司營業額是否逐年成長？
2. 貴公司獲利是否逐年成長？
3. 貴公司客戶數量是否逐年成長？
4. 貴公司技術水準是否逐年成長？
5. 貴公司人員數量是否逐年成長？
6. 貴公司是否展現不斷超越過去成績的雄心？

（二）義：企業改善心智模式

關聖帝君五常德教義中，「義」指的是要創造通達的人際關係，就五常德的「義」而言，要成就通達的人際關係就必須不斷思索個人與他人之間的關係，並且想方設法不斷進行改善；而學習型組織五項修練中的第二項修煉方法指的是必須改善心智模式，正是五常德中「義」的具體表現。一般而言，每個人的為人處事往往會以自我的立

場做為出發點，經常以自我為中心去看待外界的一切人事物，所以常常會與他人產生對立的人想法與做法，輕則造成歧見不斷，重則引發紛爭不絕。這種狀況不僅在處理個人日常生活事務時經常發生，更常見於工作場合中。

不管處於什麼樣的組織中，除非工作相對單純，否則即便個人極為優秀也很難單獨憑藉自己的力量完成作業或任務，而是必須與他人分工合作才能竟其功。然而，每個人身處於自身所屬的部門，肩負著組織所賦予的工作責任，久而久之自然衍生出本位主義。其次，在現代組織分工細膩的制度下，個人往往只熟悉自己的業務，再加上囿於自己的專業與經驗，對於他人的想法與做法難以具備充份的理解，更遑論認同。因此，如果在必須合作的任務當中每個人都從自己的立場出發而不能設身處地從他人的角度考量，可想而知合作過程中意見相左狀況必定難免，而且這種歧異必定會不斷重複發生。更有甚者，若是彼此業務關係密切，分工合作的頻率必然極為頻繁，則意見分歧程度也一定會越來越深，最終導致合作寸步難行。如此一來，輕則造成分工合作的效率減低，重則會導致團隊甚或組織分崩離析。因此，為了組織的長遠發展，組織必須培養全體員工具備建立與維繫良好人際關係的技巧；如此一來，不僅能夠讓組織的日常運作通暢無礙，更可以讓個人與個人、團隊與團隊、部門與部門之間的溝通運行無阻，而不至於各行其事、互相牽制，方才能夠使得全體員工朝向組織設定的目標一致往前邁進。要達到這個全員合作的境界，就必須鼓舞組織中所有成員時時刻刻深入探討自己的自我意識，深刻思索自己在待人

處事之中是否經常以自己的想法行事而少有顧及相關人等的想法與感受？而這樣的行為模式是否影響到自己在組織中的工作？是否影響到團體和部門的工作效率？是否造成工作氛圍不佳？是否常常對同事懷有芥蒂？是否時常抱怨同事為什麼不能夠理解自己？為什麼同事不能配合自己？透過這種不斷的自我發問、自我發覺、自我檢討、自我反省，再來審視以上這些困擾自己的事情究竟是因為同事還是自己所引起的？唯有透過重新檢視自身對於外界事物的看法，才能促使自己不斷改善自我心智，最終方能管理自己對於處理事物的決定以及行動。這也就是說，透過五常德「義」對應於五項修練中的改善心智模式的實行，可以改變個人以自我為中心的狹隘思想，而達到圓融的人我關係。而這種改善不僅能夠讓個人在組織中不斷前行，也有助於每個人在日常生活中能夠時時刻刻設身處地為他人著想而達到圓融和諧的人我關係。

準此，企業改善心智模式的各項調查問題可以歸納如表9所示。

表9. 企業改善心智模式調查表

1. 貴公司是否持續觀察經營環境變化？
2. 貴公司是否持續思考未來發展方向？
3. 貴公司是否持續改善與外部關係人的關係？
4. 貴公司是否持續改善與員工的關係？
5. 貴公司是否持續改良產品／技術／製程／服務？

（三）禮：企業鼓勵團隊學習

在五常德教義中，「禮」指的是經營和諧的圓滿家庭，亦即家庭成員之間的關係圓滿不是想當然耳的，而是必須用心呵護與經營。眾所皆知，在家庭中，每位成員都是獨立的個體，都有自己的個性、想法、以及處事態度；也就是說，即使是同一家庭中的成員，其思考模式與行事作風也可能是南轅北轍。因此，面對同樣的狀況或問題時，往往很難每次都有一致的看法，也就難免造成彼此的矛盾、分歧、甚或衝突。所以，所謂的圓滿家庭並不是順手拈來、渾然天成的，而是需要家庭成員共同努力經營。而所謂的經營，其實不外乎說明、傾聽、設身處地為對方著想；更進一步來說，是當面對問題時，所有成員都能夠共同想方設法來加以解決。而這一種集思廣益的解決問題方法其實隱含著彼此互相學習。因為，當某一位成員從自己的立場出發提出解決方案，而另一位成員也根據自己的立場提出不同的解決方案，這個時候這兩位成員就必須就自己提出的方案進行說明、解釋其緣由。當一方提出見解時，另一方可以從對方的解釋中學習到從不同角度或以不同方式來進行思考。由於對方的角度和方式或許是自己從來沒有想過的，透過這一次的溝通，自己就可以學習到新的知識、新的方法。而當雙方都達成了一致的共識時，這個解決方案就成為雙方溝通後的有效成果，如此一來彼此的歧見也就消弭於無形，原本劍拔弩張的氣氛也就平和下來，這就是達成和諧圓滿家庭的方法。家庭成員縱使不是朝夕相處，但共同生活經驗的累積照理說應該足以讓彼此心意相通，不會輕易造成誤解。然而，實務上並非如此，因此要達成家庭的圓滿

必須是每位成員共同守護的目標。親密如家庭成員之間尚且需要透過這一種彼此共同學習才能經營出圓滿的家庭，更何況是組織呢！組織是由一個一個的個人所組成的，凡是組織都有一個共同的目的：組織可以持續生存、不斷茁壯成長，從而讓每一位成員都能夠在組織中安身立命、實現自己的理想。從這個角度而言，企業的功能及角色其實與家庭非常相似。由於企業必須時時刻刻面對外在環境的變化以及同業的競爭，因為永遠無法知曉自身的產品與服務是否能受到市場的青睞，所以每一項產品與服務的推出都是一項冒險。此外，企業的每天日常運作，不管是原物料進貨、生產製程的管理、產品的物流出貨、因應營運的財務調度、各項收支的會計處理、產品與服務的售後服務、客戶抱怨的處理等等，對企業而言無一不是必須及時解決的問題。面對這種種的問題，企業內部相關的權責部門與員工很難單靠一己之力一舉解決，而是必須透過團隊合作，才能迅速有效地解決這些問題。然而，由於每個人的性格、背景、經歷、職務、崗位各有不同，面對問題時往往會以自身所處的部門及職務利益為優先考量，所以往往很難一起同心協力解決問題。對於企業而言，如果任由每位成員依照這一種本位主義進行運作，可想而知企業內部的問題就很難能夠有效且迅速的解決，如此一來會讓組織的運作變得非常沒有效率。有鑑於此，組織必須思考如何透過制度的建立來推動團隊學習。雖然每個人從小到大的生活經驗與教育經歷無時無刻不在教導我們必須與他人同心協力，然而進入職場前的這些團隊合作往往都是臨時的、非持續性的；也就是說即使曾經有過團隊合作的經驗，這些短暫的經驗對於企業運

作而言仍然遠不足夠。在企業組織中，每一個作業程序都是環環相扣的，每個人負責的業務都須與前一程序密切配合，再將自己完成的作業往下傳遞給下一個程序。因此，每個人都必須與他人分工合作才能完成組織交付的任務，而透過與他人分工合作所達成的效果必然比自己單打獨鬥完成整個程序的成果來得好。同時，透過與他人的團隊合作不僅達到團結力量大的效果，還能因為一次又一次的分工合作而學習到新的知識與新的方法，而這一些新的知識與新的方法都是從團隊成員中學到的。這也就是說，如果團隊成員可以捐棄成見、細心聆聽其他成員的想法，當其他成員的想法比自己的想法優秀且更加可行，團隊可以透過這一個想法完成比以往更為完美的成果；那麼，對其他成員而言，不啻獲得了一次寶貴的學習經驗。往後當其他成員面對類似的問題時，就可以依照這一次的做法加以改善而提出更妥善的解方，如此一來整個團隊可以透過這一次的分工合作或是所謂的團隊協作獲得成長。透過這一種做中學、學中做的持續鍛鍊，每位成員的個人成長速度會比其運用他方式快了許多，這就是團隊學習的真義所在。

準此，企業鼓勵團隊學習的各項調查問題可以歸納如表 10 所示。

表 10. 企業鼓勵團隊學習調查表

1. 貴公司是否重視員工教育訓練？
2. 貴公司是否定期舉辦教育訓練？
3. 貴公司是否鼓勵員工參加公司內外教育訓練？
4. 貴公司是否鼓勵員工組成小組共同學習？

5. 貴公司是否制訂獎勵辦法鼓勵員工學習？

6. 貴公司是否補助員工教育訓練費用？

（四）智：企業與同仁建立共同願景

關聖帝君五常德教義中，「智」指的是建立利益眾生的事業。不管是營利性質的企業或是非營利事業組織，也不論這個企業或組織的規模是大還是小，其存在的目的都是必須對社會有所貢獻。以企業而言，企業主之所以願意投入資本成立企業，不外乎是要將本求利：透過其所投注的資本經過企業的運作而獲得利潤來作為其所投入資本的報酬。然而，這種獲利的初衷並不全然是企業存在的目的。具體而言，企業所投入的資金之所以能獲得回報，是因為企業所生產的產品以及所提供的服務符合社會的需求、滿足市場的需要；也就是說，其供應市場的產品和服務是對於社會大眾有利的，對這個社會不會產生危害。相反地，如果企業將投入的資本用於生產或提供對社會有害的產品和服務，例如眾所周知的賭博、毒品、色情等不正當的行業，即便能夠獲得豐厚的資本報酬，也將不容於社會。以此而言，關聖帝君五常德教義所謂的「智」，指的就是事業的經營必須有益於眾生、對社會具有正面的貢獻。然而，如前所述，企業就是一個組織，組織的運作必須依賴所有成員共同努力，並非單靠企業主和領導階層即可獨立完成。對於企業內部員工而言，不少人都只是想在企業中獲得一份足以安身立命的工作，除此之外別無他求。對於自己所屬的企業能夠對社會做

出什麼貢獻不甚瞭解，也未曾有過任何想法與期待，總認為自己的工作只是謀生工具而已。甚至於對於自己的企業未來將朝什麼方向發展、未來將會有什麼轉變、也都一無所知，甚至不加聞問。對於企業主和高階管理者而言，面對外在環境的變化以及產業的激烈競爭，往往疲於奔命、應接不暇，只能見招拆招、隨波逐流，遑論規劃未來願景。在這種情況之下，公司上下都只能且戰且走，當順風時自然能夠隨風展翅，一旦遇到逆境就只能丟盔卸甲。對於一個想要持續生存、永續發展的企業而言，不管企業規模如何，如此的營運思維是絕對不可取的。相反的，一個正當經營的事業必須體認到自己所提供的產品和服務即使非常微小，但對於社會而言卻具有不可磨滅的貢獻，也就是企業只要繼續正當運作就是在利益眾生。比方說，即使所經營的是一家小攤販、小店鋪、小工廠，只要提供的產品和服務能夠滿足顧客需求，就是利益眾生的事業。或許在你的心中或是在顧客的心目中這是個微不足道的小生意，但是就經營者而言，不論多小的生意，都會想要精益求精，不斷提升自己的產品和服務的品質，滿足顧客更高的需求。而這樣的精神其實就是事業的願景。然而，這樣的願景往往都只存在於企業主和高階管理者的心中，未曾將這一些願景傳達給員工。當企業員工對這些願景的無所知時，也就只能就自己的工作範圍進行努力，對於企業未來的發展無從關心。因此，為了企業的長遠發展，企業必須將領導者的個人願景轉化成為整個組織的共同願景。當全體員工對於企業的未來有共同的想像，所有成員才能夠朝著這一個未來的發展圖像前進，也就是說每個員工在他的崗位上會依照未來的發展圖像不

斷思索如何改善自己負責的業務—無論是與產品或服務相關；若是遇到無法獨立完成之狀況時，也會積極的尋求相關部門的同事協同合作來解決問題。因此，共同願景的建立其實是企業激勵員工不斷往前邁進的催化劑，有了它，才能促使組織成員共同思索並尋求企業的前景。綜合以上的說明，我們可以得知五常德中「智」的目的若要建立利益眾生的事業，其實務操作的具體方法就是企業內部上上下下全體成員必須建立的共同願景，這也就是學習型組織的第四項修練。

　　準此，企業建立共同願景的各項調查問題可以歸納如表 11 所示。

表 11. 企業建立共同願景調查表

> 1. 貴公司是否擘畫未來發展願景？
>
> 2. 貴公司是否會與員工討論未來公司發展方向？
>
> 3. 貴公司是否會和員工溝通未來職涯發展方向？
>
> 4. 貴公司是否會與公司全體員工討論以形成共識？
>
> 5. 貴公司是否會致力於朝共同願景前進？
>
> 6. 貴公司是否會依照實際狀況調整發展願景？

（五）信：企業進行系統化思考

　　關聖帝君五常德教義中，「信」指的是實現精勤的人生理想。依照教義的要旨，其所隱含的意義是人之所以生而為人，不僅僅只是為了生活、生存那麼簡單，而是必須要思考人為什麼要活著，人活著到

底具有什麼意義，個人的人生要達到什麼樣的理想境界。這裡所謂的理想境界並不是世俗所謂的成就，而是一個更高層次的概念。然而，要達到個人想要的人生理想並非一蹴可幾，而是必須要經過不斷的千錘百鍊，方能獲得甜美的果實。也就是說，必須要一步一步設定目標，透過這種階段目標的設定，一點一滴的精進自己。而在這樣的精進過程之中，更必須兢兢業業、勤勞不懈，才能夠逐步克服一個又一個接踵而來的困難，完成一個又一個目標，最後才能竟其全功，這才是所謂的達到精勤的人生理想。

那麼，在五常德思想中「信」的指導原則之下，企業如何實現精勤的人生理想呢？答案就是：必須從人生終極理想的制高點進行系統性思考。在傳統儒家的思想中指出：人無信不立，其意義是人立於天地之間，必須仰不愧於天、俯不怍於地，要做到這樣的境地，最基本的原則就是信。在儒家文化中，「信」這個字代表了多重意義，包含了信心、信用、信任、信仰等等。依照前面所述五常德的仁義禮智以及學習型組織的第一到第四項修練，我們可以清楚了解，要做到五常德的「仁」對應到學習型組織的第一項修練自我超越，個人以及組織都必須要有絕對的信心，相信自己能夠透過不斷的自我檢視、內省、改善而達到持續不懈的自我成長，而每一次的成長都是自我超越的具體展現。其次，要做到五常德的「義」對應到學習型組織的第二項修練改善心智模式以創造通達的人際關係就必須與個人或組織息息相關的人事物維持和諧關係，而這種和諧的關係必須構築在個人與企業長期建立起來的信用之上。也就是說，當個人與企業對於周遭所有的利

害關係人必須維持穩定的承諾與義務，不能朝三暮四，如此方能創造通達的人際關係。再者，五常德中的「禮」對應到學習型組織的第三項修練團隊學習時，指的是家庭和組織的成員必須要捐棄成見、彼此互相學習、互相扶持以建構出團隊學習的體系。這種團隊學習的基礎必須建構在彼此的信任上，因為唯有團隊成員彼此信任，才能開誠佈公地表達自己對問題的意見看法以及解決方案；相對的，也唯有彼此信任，團隊成員才能坦然接受他人的方案優於自己的解法。透過這種信賴關係，所有成員願意貢獻自己的心血，也願意敞開心胸接受他人的見解，最終所有團隊成員會因為彼此有充分的信任而對達成的解決方案的共識心悅誠服地執行。最後，五常德中的「智」對應到學習型組織的建立共同願景，意味著企業全體成員對於組織未來有所憧憬，能夠擘畫出未來發展的圖像；嗣後，再根據這個圖像一起努力邁進，從而讓每一位成員都能在組織中發揮所長、各取所需，以發展畢生事業為榮。因此，這一個共同願景可以說是組織上下的共同信仰，有了這樣的共同信仰，全體成員的步伐才能一致。總合以上所言，五常德的「信」總括了塵世修行的一切法門，對應到學習型組織，即是第五項修練的系統性思考，而透過這樣的系統性思考的實務操作即能實現五常德「信」中精勤的人生理想。

準此，企業進行系統化思考的各項調查問題可以歸納如表 12 所示。

表 12. 企業進行系統化思考調查表

1. 貴公司制定任何決策時是否會從企業整體利益考量？
2. 貴公司制定任何決策時是否會考量到員工利益？
3. 貴公司制定任何決策時是否會考量到外部關係人利益？
4. 貴公司制定任何決策時是否會考量到企業的永續經營？
5. 貴公司制定任何決策時是否會考量到員工的永續發展？
6. 貴公司制定任何決策時是否會考量到內外部關係的平衡？

　　一般企業輔導流程中，完成企業診斷後，就需提出具體之改善方案，直接進行作業調整。然而，此種改善方案屬於由上而下進行變革，未必能夠獲得受此變革影響之相關人員的支持。學習型組織強調的是員工透過此一學習過程能夠自行發現問題，進而提出解決方案，屬於由下而上進行變革。由於此種變革是由自己主動提出，因此阻力相對較小，推動明顯更為順暢。這二種變革方式的執行方式與差異比較如圖 18 所示。

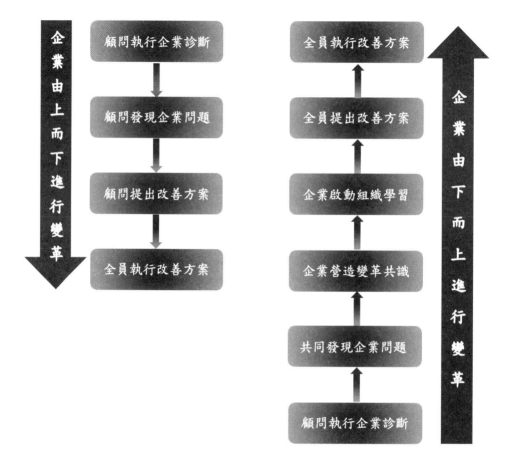

圖 18. 企業改善及變革方式比較

　　由上可知，外部顧問在執行企業診斷時，透過各種方式與員工接觸、互動後共同發現問題，再透過將問題呈現予高階主管以營造變革共識，最後再啟動組織學習以提出改善方案，如此一來即能落實參與式決策，更能讓員工樂於變革。雖然每個企業的業態、規模、組織、文化…等等差異甚大，導入學習型組織時面對問題也不盡相同，但是其導入程序大抵相同，詳述如下。

首先在第一階段時，由顧問團隊進行企業診斷，依據診斷結果為企業建立客製化學習架構，最後依據學習架構擬定對應之五常德導入步驟。第二階段部份則由顧問團隊為企業內部中高階主管舉辦主管共識營，由主管討論企業診斷結果中待解決問題以確定變革共識後，隨即進行經營決策系統思考培訓，待主管具備系統思考能力後，用以建立核心價值觀及共同願景，最後再對主管進行內部講師培訓以引導全員學習。

　　進入第三階段時，首先必須建立團隊學習練習場，接下來辦理全員學習營，營隊結束後為維持學習熱誠須舉辦定期讀書會活動，最後則以模擬專案制定及專案模擬以供員工應用所學。

　　最後進入第四階段，各單位應將學習型組織所習得之知識與技術實際應用於工作以解決問題，再由外部輔導顧問團隊進行問題解決成效考核，以確保組織學習成效得以落實於工作。

　　以上學習型組織的四個階段具體導入與執行程序可以列述如表13：

表 13. 學習型組織導入與執行程序

參與者	活動內容
顧問團隊	企業診斷
	客製化學習架構建立
	五常德導入步驟確立
企業主管	主管共識營
	經營決策系統思考培訓
	核心價值觀及共同願景建立
	內部講師培訓
企業員工	團隊學習練習場建立
	全員學習營
	讀書會活動
	模擬專案擬定
	專案模擬
企業員工 顧問團隊	解決工作問題
	問題解決成效考核

第二節 營造五常德組織變革共識

如第七章企業導入學習型組織實例個案所述，透過企業診斷瞭解企業潛在問題後，隨之而來面臨的問題即是企業是否有強烈意願透過「學習型組織學習方案」進行改變。此時，自企業負責人到各階層主管是否具有變革的共識，即成為關鍵。因此，透過舉辦主管共識營以營造變革共識，即成為學習型組織必經的歷程。其次，如何在極短時間之內有效地凝聚參與主管的變革共識，據以形成具體明確的行動方案，設計適合的共識營操作模式，就是共識營成敗關鍵之所在。

由於學習型組織並非強求由上而下快速導入，強調的是由下而上循序漸進形成共識，因此以開放空間技術操作學習型組織共識營之運作模式，最能彰顯其成效，可以區分為以下七個階段逐步進行。

（一）變革共識說明

首先由共識營主持人對所有參與成員說明共識營舉辦目的，接下來說明實施期程及細節，再宣佈參與成員須遵循之規則，最後則是說明共識營最終期望達成之目標。

（二）變革觀念啟發

要以關聖帝君仁義禮智信五常德思想體系導入學習型組織，必須循序漸進，逐步實施，透過以下四個階段的引導，可以充份達到想啟

迪的效果。

1. 由主事者 對共識營與會者演說關聖帝君仁義禮智信五常德思想體系之要義。

2. 由專任講師對共識營與會者演說關聖帝君仁義禮智信五常德對企業之啟發。

3. 由總顧問對共識營與會者演說關聖帝君仁義禮智信五常德在企業實施之個案。

4. 由專家對共識營與會者演說學習型組織之精神及五項修練之精義。

（三）報到暖場

主持人宣佈共識營活動開始，並對參與者進行以下引導

1．報到

主持人事先準備好一個『說話棒』，交給第一位成員，請他向大家說明『我現在的狀態』，講完後將『說話棒』傳給第二位成員，依此類推，直到每個人進行報到完畢，其目的在於讓團隊成員能在一開始即放下心防，坦誠相見。

2．360 度欣賞式探究

報到暖場後、議題討論前，主持人先向參與者說明共識營之討論

規則：360 度欣賞式探究。其規則是：拿到說話棒的人說出自己的看法，也能回應別人的觀點，但前提是必須提出正面的回饋意見，亦即抱持欣賞的態度去探究問題，而不是批判的角度。

（四）雙同心圓提案

規則講解完畢，主持人隨即要求全體成員圍成二圈同心圓（若成員不多，一個即可），要求所有參與者思考 10 分鐘，將自己想要討論的五常德運用於企業之主題寫在便條紙上貼於留言牆，隨後進入圓心向眾人說明其提出的理由。當所有參與者都提出議題後，主持人立即邀請所有與會者共同討論，根據議題相似性將所有主題進行分類。

（五）決定關鍵議題

接下來請內圈的成員聚在一起，根據所有成員人數多寡，從眾多類別議題中選出數個內圈成員認為真正重要的議題。若成員不多，只能形成一個同心圓，即可由所有參與者一起決定。由於各企業屬性不同，面對之問題不同，五常德運用於企業時之狀況及輕重程度亦不相同，因此共識營議題討論不一定每次都需要涵蓋仁義禮智信各構面，亦可以分次舉行、分次解決不同主題。

（六）分組討論

　　經由以上雙同心圓提案技巧篩選出幾項關鍵議題後，立即依照所有成員數量，進行平均人數分組，以確保所有議題能夠得到充分討論。例如，與成員有 20 人，篩選出 4 個關鍵議題，則可依照成員專長及興趣先予分配進入這 4 組，盡可能達到每組 5 位成員，以求行動方案得以兼顧問題整體性。分組完畢之後，各組隨即帶開，各自進行分組討論。分組討論時，互推一人擔任分組主席，並且依照前述開放式空間技術進行討論。若共識營人數太少，不適合分組，也可以直接以全體成員圍成一個圓圈進行討論。

　　分組討論時，所有成員必須針對企業如何運用五常德於日常營運提出具體可行的行動方案，以求改善企業之運作。

（七）分組報告

　　分組討論結束後，所有參與者回到全體討論場地，準備進行各組報告。報告時，各組的所有組員都須全體上台，推派一人進行報告，向大家說明該組討論出哪些具體方案，其他組員可以後續補充。非報告組成員若有問題，可以舉手發問，經大會主席同意後，可以發表意見或是對報告組發問。

　　以上七個階段的實施步驟綜整如表 14。

表 14. 主管變革共識營

步驟	項目	內容	主講人
1	變革共識說明	說明變革共識營舉辦目的	主持人
2	變革觀念啟發	演說五常德思想體系之要義 演說五常德對企業之啟發 演說五常德在企業實施之個案 演說學習型組織及五項修練	主事者 專任講師 總顧問 專家
3	報到暖場	說明共識營參與規則與技巧	主持人
4	同心圓提案	學員提出五常德運用於企業之主題	主持人
5	決定關鍵議題	共同決定優先討論之企業五常德議題	主持人
6	分組討論	依成員專長及興趣進行分組討論	分組成員
7	分組報告	各組提出企業五常德實施之具體方案	主持人

第三節 啟動五常德學習型組織

以上企業導入五常德文化學習型組織之實施歷經第一階段企業診斷及第二階段主管共識會議後，已經確立導入優序及方針，接下來就需推動全員學習，下表即為推動五常德文化學習型組織之詳細操作流程。若因企業組織較為大，而且各部門專業不同，五常德文化導入途徑亦相異，則學習型組織之推動可以部門分別為之，其推動流程亦相同。

具體的操作步驟，可以按照以下九個步驟逐步進行；部份操作程與主管共識營相同，亦即以開放空間技術操作學習型組織共識營之運作模式，最能彰顯其成效。

（一）預備會議

首先由輔導顧問對全體企業成員說明針對企業診斷結果以及主管變革共識營提出之變革方向，這種做法的目的是先讓全體員工瞭解彼此對於企業當前面對之問題以及主管之變革期望，當員工知道自己與他人的看法不見得一致時，會開始思索如何調整自己的想法，有助於未來團隊學習與討論時的集思廣益。當然，若企業員工人數過多，則預備會議可以彈性處理、分場舉行，每個部門各舉行一場或是數個部門共同舉辦均可。

（二）啟動會議

　　預備會議之後，先讓員工有一段時間思考沉澱期，再舉行啟動會議，由企業負責人或專案負責人說明以五常德思想體系導入學習型組織之必要性。啟動會議的目的不僅在宣示企業變革決心以及變革後對企業的益處，同時也必須讓員工瞭解五常德學習型組織對於員工個人成長的利益，如此方能有效激發員工積極學習。

（三）學習營

　　員工學習營之操作流程雖然與主管共識營之第二步驟變革觀念啟發四階段引導相同，但其執行較為複雜與困難。畢竟，企業中主管人數較少，日常運作中彼此間的溝通較為頻繁，不乏部門間協調合作成功經驗。然而，當面對人數眾多、職務各異、經驗不一的員工時，於以下四階段實施時，必須有輔導員從旁協助，方能讓員工深入瞭解五常德要義。

1.　由主事者對共識營與會者演說關聖帝君仁義禮智信五常德思想體系之要義。

2.　由專任講師對共識營與會者演說關聖帝君仁義禮智信五常德對企業之啟發。

3.　由總顧問對共識營與會者演說關聖帝君仁義禮智信五常德在企業實施之個案。

4. 由專家對共識營與會者演說學習型組織之精神及五項修練之精義。

（四）讀書會

為使員工學習營之成果不因時間過去而逐漸消退，又能讓員工培養持續學習的精神，規劃定期施行的讀書會是最為理想的方法。一般而言，讀書會的規模不應過大，頻率也不應過於頻繁，因此由各部門、甚或部門下轄更小的單位分別實施較為妥當。例如，其實施方式可由部門或單位負責人以身作則參與讀書會，每個月由負責人或全員選出一本書，全員均須仔細閱讀，下個月由某位成員導讀或心得報告後進行討論。而在實施五常德學習型組織時，由於初期的讀書會要聚焦於五常德生活哲學思想研讀，因此可以由專任講師來主持並選擇讀本，以利五常德導入能夠順利。

（五）團隊學習

經過前述學習營及讀書會之實施後，即可組成問題解決導向之學習團隊，其目的是運用五常德的原則進行問題解決方案之擬定。在這個階段中，由於要解決工作現場問題，因此，必須由瞭解五常德運作技術之輔導顧問從旁指導。在學習過程中，輔導顧問需先挑選該部門當下面對的問題，再帶領成員以五常德方法進行反覆推演、練習，最終習得如何以團隊合作解決問題的方法。

（六）全員（部門）共識營

當全員透過讀書會及團隊學習培訓後，已經習得如何在團體中討論與協作之技巧，接下來就可以視企業規模大小進行全員或部門的共識營。此時的運作模式與主管共識營相似，唯一的差別只在於主管共識營的目的在於決定變革的方向與學習型組織的運作方式，而此員工共識營則是透過輔導顧問的協助，聚焦於討論待決議題及可行方案。

（七）改善方案執行

經過員工共識營充份討論待決議題及可行方案後，決定出改善或變革方案後，接下來就進入執行共識營議決方案階段。由於執行過程中涉及許多專業的方法與工具，因此仍然需要輔導顧問從旁協助，例如，許多作業場所改善的第一步都是導入5S，往往都需由輔導顧問實地手把手進行指導與調整。

（八）改善成果評核

每當改善方案執行一段時間，就需進行評估，以瞭解改善方案所規劃的措施是否徹底落實，或是預擬措施是否有窒礙難行之處。也就是說，在改善方案中必須制定重要程序的查核點，並依規劃查核點的實施時程進行改善成果評估與查核，以瞭解各階段執行成果是否一如預期。進行評核時，一般是由專業人士進行，此時，輔導顧問即扮演重要角色。

（九）評核結果報告

　　學習型組織操作實務中的最後一個階段，即是驗收成果。在此階段，輔導顧問必須綜整預備會議、啟動會議、學習營、讀書會、團隊學習、員工共識營、改善方案執行、改善成果評核等八個階段執行過程中發現的問題、碰到的困難、獲得的成果，向企業或專案負責人提出改善成果評核報告。企業於審查此一評核報告後，必須比較變革前後的組織效率與效能是否有所提昇，同時也必須探討執行過程中發現的問題、碰到的困難的原因何在，然後再度啟動下一個改善循環。

　　以上九個階段的實施步驟綜整如表 15。

表 15. 學習型組織實施步驟

步驟	項目	內容	主講人
1	預備會議	說明企業診斷結果及改善方案	輔導顧問
2	啟動會議	說明五常德學習型組織之必要	企業負責人
3	學習營	演說五常德思想體系之要義 演說五常德對企業之啟發 演說五常德在企業實施之個案 演說學習型組織及五項修練	主事者 專任講師 總顧問 專家
4	讀書會	五常德生活哲學思想研讀	專任講師
5	團隊學習	組成問題解決導向學習團隊	輔導顧問
6	全員(部門)共識營	全員討論待決議題及可行方案	輔導顧問
7	改善方案執行	執行共識營可行方案	輔導顧問
8	改善成果評核	評估改善方案執行成果	輔導顧問
9	評核結果報告	提出改善成果評核報告	輔導顧問

學習型組織自 1980 年代發端以來，彼得・聖吉的第五項修練推出後，觀念即已完備，至今數十年間興而不墜，不管是學術界、企業界、企管顧問界紛紛提出不同的方法；其中，學習型組織問卷的發展更是不勝枚舉。然而，由於企業規模不一、員工於組織所處之職位有別，很難以同一份問卷適用於所有員工；因此，一份有效的問卷必須針對不同的對象發展出不同的問項。Marsick and Watkins 於 2003 年考慮到以上的問題，因而發展出學習型組織構面問卷 (DLOQ)，分為全體員工問卷及管理階層及學習型組織專責單位問卷二大部份，全體員工問卷又分為個人層面、團隊或小組層級、組織層面等三部份。本章即以此 DLOQ 做為實務操作時企業診斷之依據。

第四節　五常德學習型組織構面問卷

一、全體員工問卷

（一）個人層面

1. 在公司裡，員工之間會開誠布公地討論錯誤以從中吸取教訓。

2. 在公司裡，員工會確認自己未來工作任務需要什麼技能。

3. 在公司裡，員工會互相幫助學習。

4. 公司會提供經費和其他資源來支持員工的學習。

5. 公司允許員工在工作時間進行學習。

6. 在公司裡，員工將工作中的問題視為學習的機會。

7. 公司會獎勵員工進行學習。

8. 在公司裡，員工會互相給予公開且誠實的回饋意見。

9. 在公司裡，員工在發言之前會先聽取他人的意見。

10. 不管層級為何，公司都鼓勵員工提問。

11. 在公司裡，當員工表達自己的觀點時，也會詢問其他人的想法。

12. 在公司裡，員工會相互尊重。

13. 在公司裡，員工會花時間建立彼此的信任。

（二）團隊或小組層級

14. 在公司裡，團隊可以根據需要調整他們的目標。

15. 在公司裡，團隊會平等對待成員，無論層級或其他差異如何。

16. 在公司裡，團隊既關注任務績效，也關注團隊運作狀況。

17. 在公司裡，團隊會根據小組討論或蒐集的資訊來修正想法。

18. 公司會依據團隊的績效而進行獎勵。

19. 在公司裡，團隊相信公司會接納他們的建議而採取行動。

（三）組織層面

20. 公司經常透過建議系統、公告或會議與員工溝通。

21. 公司會讓員工能夠在任何時候快速輕鬆地獲得所需的資訊。

22. 公司建置有能記錄員工技能的資料庫。

23. 公司建置有能夠衡量當前和預期績效之間差距的系統。

24. 公司會將其經驗傳承提供給所有員工。

25. 公司會對投入於培訓的時間和資源的結果進行衡量。

26. 公司會表彰員工主動積極的作為。

27. 公司在工作分配時會讓員工有選擇權。

28. 公司鼓勵員工為組織的願景提出建言。

29. 公司讓員工能夠控制完成工作所需的資源。

30. 公司支持員工去承擔精算過的風險。

31. 公司在不同級別和工作組之間建立了願景的一致性。

32. 公司幫助員工平衡工作和家庭。

33. 公司鼓勵員工從整體的角度思考。

34. 公司鼓勵每個人將客戶的觀點納入決策過程。

35. 公司會考慮到決策對員工士氣有何影響。

36. 公司與外部社區合作以滿足共同需求。

37. 公司鼓勵員工在解決問題時從整個組織中尋求答案。

38. 在公司裡，領導者都會支持員工提出的學習和培訓的要求。

39. 在公司裡，領導者與員工分享競爭者、產業趨勢和未來方向的最
    新資訊。

40. 在公司裡，領導者會授權下屬以協助實現組織的願景。

41. 在公司裡，領導者會指導並教導他們所領導的人。

42. 在公司裡，領導者會不斷尋求學習機會。

43. 在公司裡，領導者確保組織的行為符合其價值觀。

二、管理階層及學習型組織專責單位問卷

（由組織層面衡量學習型組織的成果）

44. 在公司裡，投資回報率高於去年。

45. 在公司裡，每位員工的平均生產力高於去年。

46. 在公司裡，產品和服務的上市時間少於去年。

47. 在公司裡，客戶投訴的回應時間比去年短。

48. 在公司裡，市場佔有率比去年高。

49. 在公司裡，每筆業務交易的成本低於去年。

50. 在公司裡，客戶滿意度高於去年。

51. 在公司裡，員工或顧客的建言數量的落實比去年多。

52. 在公司裡，新產品或服務的數量比去年多。

53. 在公司裡，熟練員工佔全體員工的比例高於去年。

54. 在公司裡，用於技術和資訊處理的支出比例高於去年。

55. 在公司裡，學習新技能的人數比去年多。

三、基本資訊

56. 您的主要職責是什麼？

    1. 一般行政

    2. 作業 / 生產 / 倉儲 / 物流

    3. 財務 / 會計

    4. 人力資源

    5. 行銷 / 銷售

    6. 技術 / 研發

    7. 資訊

57. 您的角色是什麼？

    1. 高階管理

    2. 中階管理

    3. 基層管理

    4. 非管理職之正職員工

    5. 非管理職之計時員工

58. 您的教育經歷是什麼？

    1. 國小

2. 國中

3. 高中職

4. 專科

5. 大學

6. 研究所

59. 您每個月花多少自己的時間在從事與工作有關的學習？

1. 每月 0 小時

2. 每月 1-10 小時

3. 每月 11-20 小時

4. 每月 21-35 小時

5. 每月超過 36 小時

60. 貴公司有多少員工？

1. 0-10

2. 11-50

3. 51-100

4. 101-500

5. 超過 500

61. 貴公司的行業類型？

1. 製造業

2. 服務業

3. 非營利事業

4. 其他

62.　貴公司的年營收？

　　1. 低於 500 萬元

　　2. 500~1,000 萬元

　　3. 1,000~5,000 萬元

　　4. 5,000 萬 ~1 億元

　　5. 1 億元以上

參考文獻

Afesis-corplan (2009), Study Circle Leadership - Study Circle Guide.

Owen, H. (1993), Open Space Technology - A User's Guide.

Victoria J. Marsick and Karen E. Watkins, Demonstrating the Value of an Organization's Learning Culture: The Dimensions of the Learning Organization Questionnaire, Advances in Developing Human Resources 2003; 5; 132, DOI: 10.1177/1523422303005002002.

Yang, B., Watkins, Karen E., Marsick V. J.,(2004), The Construct of the Learning Organization: Dimensions, Measurement, and Validation. Human Resource Development Quarterly, vol. 15, no. 1, pp.31-55.

陸洛、楊國樞。社會取向與個人取向的自我實現觀：概念分析與實徵初探。《本土心理學研究》，2005 年 06 月，第 23 期，第 3 ~ 69 頁。

後 記

　　數十年來西方許多學者和成功的企業家相繼提出重要的企業經營方法與理論，隨著跨國經貿的實踐，而成為全球各地企業經營與商管教育奉行不渝的圭臬。但其實千年來東方也有許多前賢提出各種經營理念，只是現代人常不知如何善加運用，如果能深入了解並探討，對於現代人們的企業經營課題將會有許多的助益。從數千年前中國先哲提出的國家經營治理理念或戰略思想，例如：孔子的論語、孫武的孫子兵法…等理念，迄至現代，仍為人們運用於企業組織經營與商場競爭，可以看出他們都擁有類似的核心思維，也都值得現代人加以學習，而如何因地制宜，使用這些理念，便是企業經營者最重要的課題。

　　有鑑於此，本書針對企業經營提出以關聖帝君仁義禮智信五常德核心思想為基礎，建立學習型的組織文化，提供現代決策者在經營領導企業組織的一個學習成長的方向，可以透過這個核心思想去實現學習型組織的理念，這個理念可運用至企業，有助於企業家創造更好的永續經營環境，甚至能運用至人生發展的策略方向，使有志學習者能潛移默化的改善人生觀念，推而廣之，能促進企業員工幹部瞭解如何運用其中精義於日常生活中，使人際關係更圓融，家庭經營更和諧，形成更有執行力的企業，以因應經營環境的變化，進而創造更好的企業文化。

　　古人所提的理念與精神對於現代年輕人來說，可能十分陌生，關

聖帝君仁義禮智信五常德核心思想，是基礎的為人處事之道，或許在現代教育改革的浪潮下，不再被強調；然而都有其重要性和需要性。甚至在創業時所想到的組織文化概念，一般人所學習到的也大多是學校課本裡那些知名的西方理念。但由於地域性的不同，十分容易畫虎不成反類犬，所以五常德學習型組織的課程對年輕企業家就顯得更加重要，不僅能夠使年輕人理解此核心思想，更能輔助他們找到最適合的永續經營模式，甚至還能發揮更大的功能，引導企業經營者朝向有利眾生的事業方向，善盡企業社會責任。

　　從前面仁義禮智信所對照的個案中，可以看出年輕人可以從五常德學習型組織中獲取到許多人生良藥，以仁 - 朗仲個案中來說，可以學習到萬事起頭需先審視自我，以此訂定未來藍圖，並且時刻謹記不故步自封，才能達到自我超越，而透過不斷的自我超越，將能使身心靈昇華至更好的狀態。以自然界的領域觀點，人類是群居生物，如果在人類互動的過程變成類似孤狼的狀態，將對心靈造成難以估計的負擔，因此以義 - 雋祥個案中改善心智模式，如能運用在平時的待人處事上，不但能使自己有所成長，在人際關係上更加緊密，就能更融入社會，使心靈更加平和。禮 - 晴海個案中，可以了解到組織團隊學習的重要性，因為想使團隊順利，就必須相互理解並支持，更能知道每個人對於團隊都是不可或缺的存在，世上沒有不被需要的螺絲，每一個人扮演的角色都具有關鍵性的作用。從智 - 台源個案中，能發現如建立一個好的共同願景，可使你我的區隔變為我們一起奮鬥的共好，這產生的化學變化，將帶領所有人前往更好的成長。最後信 - 環久個

案中，更是告訴我們要將未來的發展納入規劃，現代年輕人時常因為現今的社會環境，造就得過且過的生活狀態，但如能謹慎進行系統性思考，將能提高看待人生的高度，創造並實現更好的人生理想。而趁年輕時就能領悟五常德的核心思想，這些未來國家棟樑想必能成為卓越企業永續經營的推動者。

中山醫學大學 醫療產業科技管理學系 碩士 陳緯靜

附錄一　政府協助中小企業補助措施

　　建立學習型組織的目的在於提升企業能力，並能將此能力應用於改善日常營運，更進一步得以進行產品／服務創新，以期增加企業競爭能力。根據經濟部於 2020 年 6 月 24 日修正發布之〈中小企業認定標準〉，中小企業之定義為實收資本額在新臺幣一億元以下，或經常僱用員工數未滿二百人之事業。依經濟部中小企業處於 2022 年 10 月出版之《2022 年中小企業白皮書》顯示之數字，2021 年中小企業之家數為 1,595,828 家，占全部企業之 98.92%；銷售額則為 26 兆 6194 億 990 萬元，占全部企業之 52.51%；就業人數達 9,200,000 人，占全部企業之 80.37%。自 2013 年以來，中小企業之家數、銷售額、就業人數之年複合成長率分別為 2.0%、10%、1%，由此可見中小企業在整體經濟體系之重要性呈現逐年增加之勢。

　　中小企業對經濟發展影響甚鉅，然礙於企業資源，面對激烈的市場競爭時難以自身之力進行創新，故勞動部及經濟部分別推出補助措施，以協助中小企業提升競爭力，這些措施包括：小型企業人力提升計畫、協助傳統產業技術開發計畫、小型企業創新研發計畫、服務業創新研發計畫等，略述如下。

一、小型企業人力提升計畫

　　如前所述，台灣中小企業占全體企業家數 98.92%，然其規模通常

較小，難以如大型企業般投入大量資源於人才培訓。因此，勞動部勞動力發展署自 2014 年起推出「小型企業人力提升計畫」（簡稱小人提），透過補助訓練費用方式，為員工人數低於 51 人的小型企業提供人才培訓之輔導諮詢以及課程執行服務，以減輕小型企業投資人才培訓之成本，並鼓勵企業辦理人才訓練之意願。就 2021 年而言，其「個別型計畫」總共補助 2,634 家企業，計有 27.9 萬訓練人次；「聯合型計畫」共補助 105 案，合計 2.5 萬訓練人次。其申請流程如下：

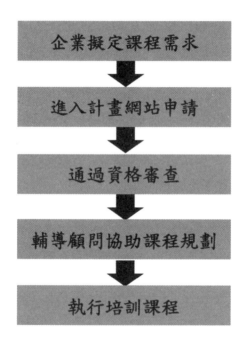

二、協助傳統產業技術開發計畫

　　我國歷經 1970 年代以來的經濟起飛，1980 年代末期經濟結構開始產生變化。為協助傳統產業升級以因應全球化競爭，1991 年經濟部工

業局推出「協助傳統產業技術開發計畫」（簡稱 CITD），透過補助傳統產業部份研發資金以促進業者積極進行研發，期盼培養傳統產業之持續創新能力以加速產業轉型、迎接全球化浪潮之挑戰。此計畫之補助範圍計有：產品開發、產品設計、研發聯盟、產學合作研發等四大類別。以 2021 年言，共計 81 家業者通過補助申請，補助經費總額 0.92 億元，業者自籌經費共 1.13 億元，衍生 23 億元產值。

三、小型企業創新研發計畫

有鑒於 1995 年世界貿易組織（WTO）正式成立後，我國亦積極爭取加入該組織，除傳統產業外眾多中小企業亦將受到全球化貿易影響，為協助中小企業及早因應，經濟部於 1999 年啟動「小型企業創新研發計畫」（簡稱 SBIR）。此計畫之設立目的與前述 CITD 相同，亦即透過政府補助中小企業部份研發經費以激勵業者主動進行創新。該計畫實施多年來，不斷依據環境演變及業界需求進行精進，目前依據創新屬性分為創新技術與創新服務二大類，再依申請對象分為個別申請與研發聯盟，依照擬申請之研發階段又可分為「先期研究 / 先期規劃（Phase 1）」、「研究開發 / 細部 計畫（Phase 2）」與「加值應用 」（Phase 2+）」，整體分類如下表所示。

屬性／對象	階段	領域
創新技術／ 個別申請 研發聯盟	先期研究 (Phase 1)	電子、資通、機械、民生化工、生技製藥、數位內容與設計
	研究開發 (Phase 2)	
	加值應用 (Phase 2+)	
創新服務／ 個別申請 研發聯盟	先期規劃 (Phase 1)	服務、數位內容與設計（設計）
	細部計畫 (Phase 2)	
	加值應用 (Phase 2+)	

資料來源：整理自經濟部中小企業處小型企業創新研發計畫申請須知

　　除了中央政府之經濟部 SBIR 之外，2008 年起經濟部配合匡列協助經費，開始推動「地方產業創新研發推動計畫」（地方型 SBIR），由業者向各縣市政府提出計畫申請。截至 2021 年為止，歷年中央型 SBIR 共計補助 7,517 件申請計畫，其中政府補助約為 122.82 億元，業者自籌研發經費約計 232.40 億元。地方型 SBIR 累計補助 6,188 家中小企業，各縣市政府累計補助約 17.29 億元，經濟部協助補助經費約 26.08 億元，業者自籌研發經費則約 71.27 億元。

四、服務業創新研發計畫

　　由於經濟發展會帶動產業結構由農業發展為工業以至於服務業，依政府資料開放平臺數據，服務業在產業結構之比重逐年成長，如今服務業家數已占全部企業之 80%、銷售額占比約 55%、就業人數占比約 60%。由於服務業在經濟體系之地位日益重要，因此經濟部商業司於 2012 年推出「服務業創新研發計畫」（SIIR），其目的在於透過補助經費方式鼓勵服務業進行新服務商品、新經營模式、新行銷模式以及新商業應用技術之創新研發。至 2021 年為止，累計補助 1,079 案，

政府補助金額約 12 億元，業者自籌研發經費約 22 億元。

　　為方便中小企業申請，以上二至四類由經濟部主管之計畫申請方式已經整合為統一格式，其申請流程及申請網站如下所示。

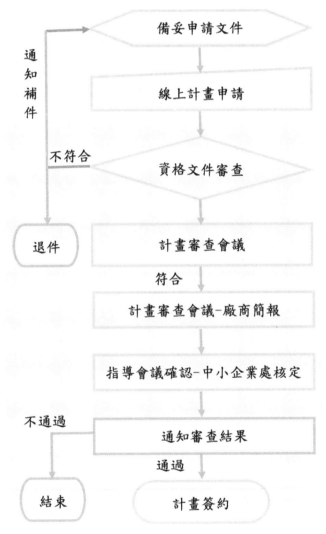

小型企業人力提升計畫，https://onjobtraining.wda.gov.tw/。
小型企業創新研發計畫，https://www.sbir.org.tw/。
協助傳統產業技術開發計畫，https://www.citd.moeaidb.gov.tw/。
服務業創新研發計畫，https://gcis.nat.gov.tw/neo-s/Web/Default.aspx。

國家圖書館出版品預行編目資料

卓越企業的實踐方程式：五常德學習型組織的
經營策略／陳桂興, 龔昶元, 賴志松編著.
－－第一版－－臺北市：宇河文化 出版；
紅螞蟻圖書發行，2023.12
面 ； 公分－－（玄門真宗；16）
ISBN 978-986-456-330-2（平裝）

1.CST: 企業經營 2.CST: 宗教道德

494.1   112015979

玄門真宗 16

卓越企業的實踐方程式：五常德學習型組織的經營策略

總　　　召／陳桂興
總　　　編／陳桂興, 龔昶元, 賴志松編著
發 行 人／賴秀珍
總 編 輯／何南輝
校對整理／陳芊妘、柯貞如、紀婷婷、陳緯靜
美術構成／沙海潛行
出　　　版／宇河文化出版有限公司
發　　　行／紅螞蟻圖書有限公司
地　　　址／台北市內湖區舊宗路二段121巷19號(紅螞蟻資訊大樓)
網　　　站／www.e-redant.com
郵撥帳號／1604621-1　紅螞蟻圖書有限公司
電　　　話／(02)2795-3656（代表號）
傳　　　真／(02)2795-4100
登 記 證／局版北市業字第1446號
法律顧問／許晏賓律師
印 刷 廠／卡樂彩色製版印刷有限公司
出版日期／2023年12月　第一版第一刷

定價 380 元　　港幣 127 元

ISBN　978-986-456-330-2   Printed in Taiwan